FORSCHUNGSBERICHTE DES LANDES NORDRHEIN-WESTFALEN

Nr. 1941

Herausgegeben im Auftrage des Ministerpräsidenten Heinz Kühn
von Staatssekretär Professor Dr. h. c. Dr. E. h. Leo Brandt

DK 531.43.001.4:677.052.73

Prof. Dr.-Ing. Dr.-Ing. E. h. Walther Wegener, F. T. I.
Dipl.-Ing. Günter Schubert

Institut für Textiltechnik der Rhein.-Westf. Techn. Hochschule Aachen

Reibungsmessungen an den Leitorganen garn- und zwirnverarbeitender Maschinen

WESTDEUTSCHER VERLAG · KÖLN UND OPLADEN 1968

ISBN 978-3-663-06669-9 ISBN 978-3-663-07582-0 (eBook)
DOI 10.1007/978-3-663-07582-0

Verlags-Nr. 011941

Gesamtherstellung: Westdeutscher Verlag

Inhalt

1. Einleitung

In Anbetracht der Bedeutung, welche die während der Verarbeitung textiler Materialien auftretende Reibung hat, gibt es bereits eine Anzahl von Arbeiten, in denen über Reibungsmessungen an Fasern, Garnen und Geweben berichtet wird [1]. Neben grundlegenden Studien des Reibungsvorganges erfolgten Untersuchungen über verschiedene Einflüsse auf die Reibung. Die Reibungsmessungen erstrecken sich auf Fasern, Faserbänder, Vorgarne, gesponnene Garne, Zwirne und Endlosfäden sowie auf textile Flächengebilde. Auf Grund der ständig zunehmenden Verwendung endloser synthetischer Fäden ist die Reibung dieser Materialien an den Leit- und Bremsorganen der Maschinen von besonderem Interesse, zumal sie gegen Überdehnungen sehr empfindlich sind, so daß die schädigende Wirkung der Reibung besonders groß sein kann.
Während der Verarbeitung entstehende Überdehnungen können in den Geweben, Gewirken und Gestricken Fehler wie Kettstreifen, Schußbanden, Ringelstreifen, ungleichförmige und unterschiedlich große Maschen, Breitenschwankungen, Unterschiede in der Strumpflänge, Boldrigkeiten, Glanzstellen oder damit verbundene ungleichmäßige Anfärbungen hervorrufen [2–13]. Überdehnungen hängen in erster Linie von der während der Verarbeitung herrschenden Fadenzugkraft ab. Diese wiederum wird von der Ablauffadenzugkraft der vorgelegten Aufmachungseinheit und von der Reibung der Fäden an den Leit- und Bremsorganen bestimmt. Beim Ablauf von der Vorlageaufmachungseinheit entstehen kurz- und langzeitige Fadenzugkraftänderungen. Wenn die Fadengeschwindigkeit relativ groß ist, kann die Ablauffadenzugkraft bereits beträchtliche Spitzenwerte erreichen, die infolge der Reibung an den Leitorganen noch zunehmen, so daß Überdehnungen unvermeidlich sind. Wird eine geregelte Fadenbremse verwendet, so ist es bestenfalls möglich, die momentanen Fadenzugkraftwerte auf die Spitzenwerte anzuheben; jedoch kann damit das Niveau nicht gesenkt werden. Geregelte Bremsen sind zudem bislang nur an wenigen Verarbeitungsmaschinen anzutreffen. Die Beherrschung der Fadenzugkraft setzt demnach eine genaue Kenntnis der Reibungsverhältnisse voraus.
Endlose Fäden verursachen einen erheblich größeren Verschleiß der Leit- und Bremsorgane als gesponnene Garne. Aus diesem Grunde müssen besonders verschleißfeste Reibkörpermaterialien verwendet werden. Bei hohen Geschwindigkeiten sägen sich Endlosfäden selbst in Porzellan schnell ein. In der Praxis haben sich Leit- und Bremsorgane aus Sinterkeramik sehr gut bewährt. Sie sind in vielfältigen Formen an fast allen für Endlosfäden benutzten Maschinen anzutreffen. Die Reibungsmessungen an verschleißfesten Sinterkeramikreibkörpern unterschiedlicher Herkunft, unterschiedlicher Oberflächenbeschaffenheit und unterschiedlichen Durchmessers stehen deshalb im Mittelpunkt der nachfolgend beschriebenen Untersuchungen. Für Vergleichsversuche fanden außerdem Reibkörper aus Glas und aus Stahl Berücksichtigung. Als Versuchsmaterial dienten Multifile aus Polyamid 6, aus Polyester und aus Polyacrylnitril. Es standen unpräparierte und präparierte, ungedrehte und gedrehte Fäden unterschiedlichen Titers zur Verfügung. Erstmalig wurden die Reibungsmessungen mit Geschwindigkeiten bis zu 1500 m/min, wie sie heute beim Spulen angewendet werden, durchgeführt. Weitere Einflußgrößen waren die vor dem Reibkörper herrschende Fadenzugkraft, die relative Luftfeuchtigkeit und die Temperatur. Die im Rahmen dieser Arbeit durchgeführten Reibungsmessungen sind auf die Gegebenheiten

der Praxis abgestimmt. Die Einflußgrößen wurden nur in während der Verarbeitung vorkommenden Bereichen variiert.
Im weiteren Verlauf der Arbeit sind die Auswirkungen der Reibung auf den während des Spulens und während des Falschdrahtzwirnens entstehenden Fadenzugkraftverlauf beschrieben. Kritische Phasen der Verarbeitung sind besonders herausgestellt. Ferner wird aufgezeigt, welche Maßnahmen getroffen werden können, um zu große Fadenzugkräfte und damit verbundene Überdehnungen der Fäden zu vermeiden.

2. Das Eichen

Das richtige Eichen ist die wichtigste Voraussetzung für die exakte Bestimmung des Reibungskoeffizienten. In den meisten Arbeiten ist jedoch das Eichen nur unvollständig beschrieben oder überhaupt nicht erwähnt. Es läßt sich daher auch nicht nachprüfen, ob stets mit der notwendigen Sorgfalt gearbeitet wurde.

2.1 Der Einfluß der an den Stiften der Fadenzugkraftmeßköpfe entstehenden Reibung auf das Meßergebnis

Um die Reibung am laufenden Faden zu ermitteln, wird dieser im allgemeinen über einen zylindrischen Reibkörper geführt. Die vor und nach dem Reibkörper herrschenden Fadenzugkräfte werden bestimmt. Für genaue Messungen finden vorzugsweise elektronische Fadenzugkraftmeßgeräte Verwendung. Solche Geräte stellen beispielsweise die Firmen Rothschild in Zürich und Honigmann in Wuppertal her [14–16]. Aus den vor und nach dem Reibkörper gemessenen Fadenzugkräften wird nach der Eytelweinschen Beziehung der Reibungskoeffizient μ bestimmt. Wie aus einer Reihe von Arbeiten und aus den später beschriebenen Versuchsergebnissen hervorgeht, ist der Reibungskoeffizient textiler Fäden keine Konstante. Vielmehr hängt die Reibung dieser Fäden von vielen Einflußgrößen ab. Das trifft unter anderem auch für die Reibung der Fäden an den Führungs- und Meßstiften der Fadenzugkraftmeßköpfe zu. Es ist daher zunächst von Interesse zu erfahren, ob und in welchem Maße die Reibung an den Führungs- und Meßstiften das Meßergebnis beeinflußt.
Der Fadenlauf und die Berührung des Fadens an den Stiften des Meßkopfes gehen aus der Abb. 1 hervor. Aus der Abb. 1a ist zu ersehen, daß sich die Führungsstifte hinsichtlich ihres Durchmessers vom Meßstift unterscheiden. Aus der Abb. 1b ist zu erkennen, daß alle Stifte den gleichen Durchmesser haben (Sonderfall). Für beide Fälle gelten aber die gleichen Beziehungen. Bei den bekannten Fadenzugkraftmeßgeräten umschlingt der Faden den Meßstift MS mit einem nur geringen Umschlingungswinkel α. Die Führungsstifte FS_1 und FS_2 dienen dazu, den Umschlingungswinkel konstant zu halten. Infolge der Reibung nimmt die Fadenzugkraft an jedem Stift des Meßkopfes MK zu. Beträgt die vor dem Meßkopf herrschende Fadenzugkraft F_1, so wirkt auf den Meßstift die Resultierende R der beiden Fadenzugkräfte

$$F_1 \cdot e^{\frac{1}{2}\mu\alpha} \quad \text{und} \quad F_1 \cdot e^{\frac{3}{2}\mu\alpha}$$

(Abb. 1a und 1b). Die resultierende Kraft R läßt sich beispielsweise auf kapazitivem oder auf induktivem Wege in eine verhältnisgleiche elektrische Spannung umwandeln.

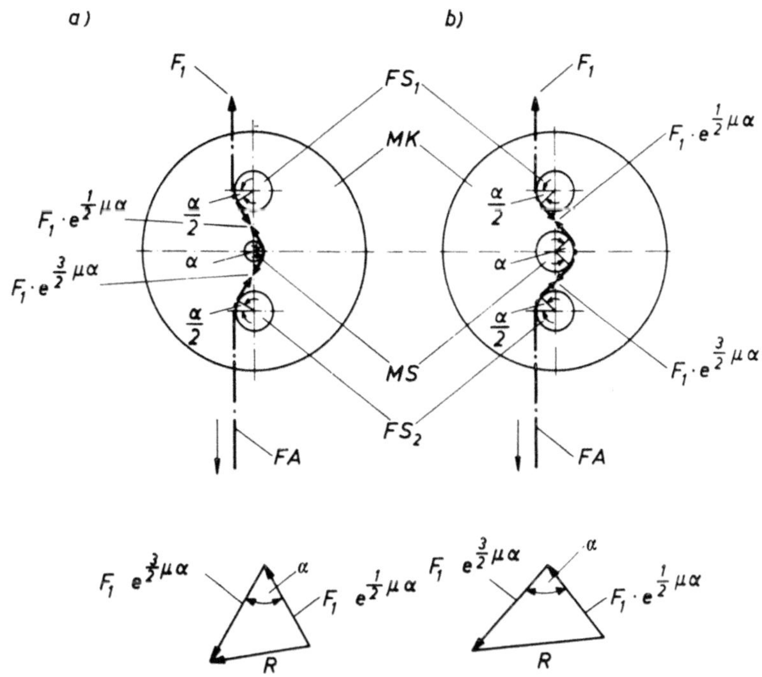

Abb. 1 Fadenlauf durch die Stifte des Fadenzugkraftmeßkopfes

a)	$d_{MS} < d_{FS}$	d_{MS}	Durchmesser des Meßstiftes
b)	$d_{MS} = d_{FS}$	d_{FS}	Durchmesser der Führungsstifte
FA	Faden	F_1	vor dem Reibkörper herrschende Fadenzugkraft
MK	Meßkopf		
MS	Meßstift	R	resultierende auf den Meßstift ausgeübte Kraft
FS_1, FS_2	Führungsstifte		
		α	Umschlingungswinkel am Meßstift

Meistens ist der Meßstift so gelagert, daß nur die horizontale Komponente der Resultierenden zur Umwandlung in eine elektrische Spannung benutzt wird, während das Lager die vertikale Komponente aufnimmt. Die horizontale Komponente K der Resultierenden ist

$$K = F_1 \cdot \sin\frac{\alpha}{2} \cdot e^{\frac{1}{2}\mu\alpha}(1 + e^{\mu\alpha}) \tag{1}$$

Unter Vernachlässigung der Reibung wäre die horizontale Komponente

$$K_0 = 2\, F_1 \cdot \sin\frac{\alpha}{2} \tag{2}$$

Infolge der Reibung ergibt sich daraus die entstehende prozentuale Vergrößerung p der Anzeige zu

$$p = \frac{K}{K_0} \cdot 100\,[\%] = \frac{1}{2} \cdot e^{\frac{1}{2}\mu\alpha}(1 + e^{\mu\alpha}) \cdot 100\,[\%] \tag{3}$$

Die Reibung an den Meßstiften geht also in das Meßergebnis ein. Der Faden muß demnach beim Eichen durch die Stifte hindurchgezogen und nicht nur eingehängt werden. Außerdem soll für das Eichen stets der gleiche Faden benutzt werden wie später beim Messen. Da aber, wie es bereits erwähnt wurde, der Reibungskoeffizient (auch der Reibungskoeffizient zwischen dem Faden und den Stiften des Meßkopfes) von verschiedenen Einflußfaktoren abhängt, muß auch unter den Bedingungen geeicht werden, unter denen die Messung erfolgt. Sollen die verschiedenen Einflüsse auf die Reibung zwischen Fäden und Reibkörpern untersucht werden, so ist vor jedem Versuch neu zu eichen. Das trifft auch für die Fadengeschwindigkeit zu. Zwar ist der Einfluß der Fadengeschwindigkeit auf die Reibung zwischen dem Faden und den beispielsweise aus Saphir oder mattglattem Sinterkeramik bestehenden Stiften der Meßköpfe bei vielen textilen Materialien gering. Andererseits gibt es eine Reihe textiler Materialien, bei denen er nicht vernachlässigt werden kann. Es ist dann auch erforderlich, bei der Meßgeschwindigkeit zu eichen.

2.2 Das Eichen bei geringen Fadengeschwindigkeiten

Um den Reibungskoeffizienten nach der Eytelweinschen Beziehung errechnen zu können, muß die unmittelbar vor dem Reibkörper und die unmittelbar nach dem Reibkörper herrschende Fadenzugkraft bekannt sein. Aus diesem Grunde sind die beiden Meßköpfe so zu eichen, daß an den Anzeigegeräten die nach dem Meßkopf MK_1 und die vor dem Meßkopf MK_2 herrschende Fadenzugkraft angezeigt wird (Abb. 2). Für das Eichen des Meßkopfes MK_1 ist deshalb, in Fadenlaufrichtung gesehen, nach dem Meßkopf eine bekannte Kraft aufzubringen; für das Eichen des Meßkopfes MK_2 muß die bekannte Kraft vor dem Meßkopf angreifen. Bei geringen Fadengeschwindigkeiten kann der mit dem Eichgewicht belastete Faden mittels eines Abzugsgerätes durch die Stifte des Meßkopfes hindurchgezogen werden. Damit das Eichgewicht in der Fadenlaufrichtung nach dem Meßkopf angreift, ist der Faden im Meßkopf MK_1 von oben nach unten zu führen (Abb. 2). Damit das Eichgewicht in der Fadenlaufrichtung vor dem Meßkopf wirkt, muß dagegen der Faden im Meßkopf MK_2 von unten nach oben gezogen werden. Bei der so durchgeführten Eichung wird vorausgesetzt, daß die Reibung an den beiden Führungsstiften FS_1 und FS_2 gleich ist. Ist das nicht der Fall, so sind die beiden Meßköpfe vor dem Eichen um 180° so zu drehen, daß der untere Führungsstift nach oben und der obere Führungsstift nach unten ge-

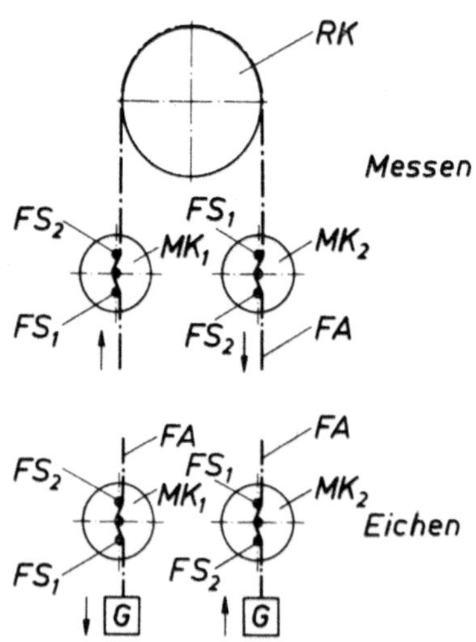

Abb. 2 Fadenlauf durch die Stifte des Fadenzugkraftmeßkopfes beim Messen und beim Eichen

FA	Faden	FS_1, FS_2	Führungsstifte
RK	Reibkörper	G	Eichgewicht
MK_1, MK_2	Fadenzugkraftmeßköpfe		

langt. Nach dem Eichen müssen die Meßköpfe wieder in ihre ursprüngliche Lage gebracht werden. Ein erneuter Nullpunktabgleich ist erforderlich.

2.3 Das Eichen bei hohen Fadengeschwindigkeiten

Die für geringe Fadengeschwindigkeiten angewandte Methode ist für hohe Fadengeschwindigkeiten ungeeignet, da eine sehr große Länge des frei hängenden Fadens erforderlich wäre. Wie es in der Abb. 3 veranschaulicht ist, kann jedoch eine lose, mit einem Gewicht G belastete Rolle RO in eine zwischen den Umlenkrollen UR_1 und UR_2 gebildete Fadenschlinge eingelegt werden. Bei der in der Abb. 3 gezeigten Anordnung wirken die Eichkräfte, in Fadenlaufrichtung gesehen, nach dem Meßkopf MK_1 und vor dem Meßkopf MK_2. Werden die Lagerreibung der Belastungsrolle und die rollende Reibung zwischen dem Faden und der Rolle vernachlässigt, so ist die Eichkraft für beide Meßköpfe gleich und beträgt:

$$F = \frac{G + G_{RO} + G_{RL} + G_{ST}}{2} \tag{4}$$

Hierin bedeuten:

F	Eichkraft
G	Belastungsgewicht
G_{RO}	Gewicht der Rolle
G_{RL}	Gewicht des Rollenlagers
G_{ST}	Gewicht des Verbindungsstabes

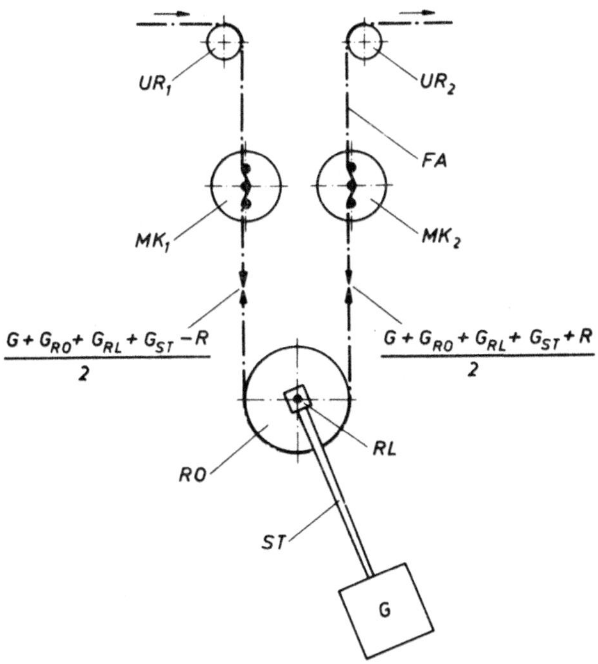

Abb. 3 Das Eichen mittels einer Belastungsrolle

FA	Faden	G	Belastungsgewicht
UR_1, UR_2	Umlenkrollen	G_{RO}	Gewicht der Rolle
MK_1, MK_2	Fadenzugkraftmeßköpfe	G_{RL}	Gewicht des Rollenlagers
RL	Rollenlager	G_{ST}	Gewicht des Verbindungsstabes
RO	Rolle	R	Reibungskraft am Umfang der Rolle
ST	Verbindungsstab		

Bei großen Fadengeschwindigkeiten tritt selbst bei Spitzenlagerung infolge der Lagerreibung ein nicht zu vernachlässigendes Reibungsmoment auf. Das ist bereits an der schrägen Lage des Belastungsgewichtes zu erkennen. Dieses Reibungsmoment erzeugt am Umfang der Rolle die Kraft R. Vor der Belastungsrolle wirkt infolgedessen die Eichkraft

$$F_{\text{vor}} = \frac{G + G_{RO} + G_{RL} + G_{ST} - R}{2} \tag{5}$$

Nach der Belastungsrolle herrscht die um die Reibungskraft höhere Eichkraft

$$F_{\text{nach}} = \frac{G + G_{RO} + G_{RL} + G_{ST} + R}{2} \tag{6}$$

Dagegen ist die rollende Reibung zwischen dem Faden und der Rolle vernachlässigbar. Bevor bei hohen Geschwindigkeiten die Eichung vorgenommen werden kann, ist zuerst die Kraft R zu bestimmen. Die Kraft R kann durch eine Reibungsmomentmessung ermittelt werden. In der Abb. 4 ist die dazu erforderliche Meßvorrichtung dargestellt. Das Belastungsgewicht G ist mittels des Stabes ST fest mit dem Rollenlager RL verbunden. An dem Stab ist der Winkelmesser WM befestigt. Der Zeiger ZE ist auf der Achse des Rollenlagers drehbar gelagert. Infolge seines Eigengewichtes nimmt er stets die vertikale Lage ein. Die Lagerreibung bewirkt eine Auslenkung des Belastungsgewichtes in der Drehrichtung der Belastungsrolle. Mittels des Zeigers kann der Auslenkwinkel β am Winkelmesser abgelesen werden. Um das Reibungsmoment berechnen zu können, muß der Schwerpunkt S aller fest mit dem Rollenlager verbundenen Teile ermittelt werden. Die Summe der Gewichte G, G_{ST}, G_{RL} und G_{WM} wird durch

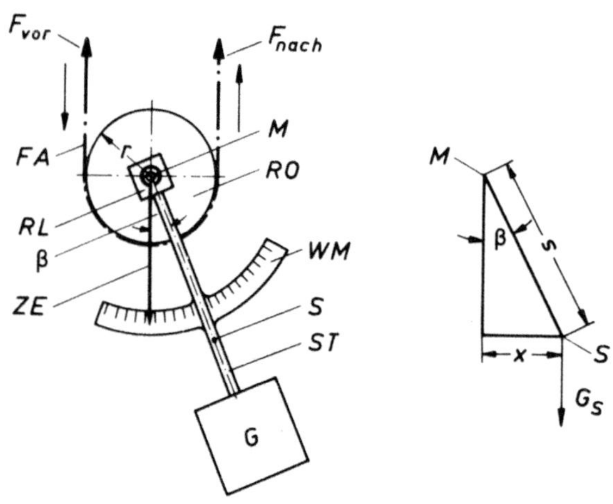

Abb. 4 Vorrichtung zur Bestimmung des Reibungsmomentes

FA	Faden	s	Schwerpunktabstand
RO	Rolle	β	Auslenkwinkel
RL	Rollenlager	x	wirksamer Hebelarm des Schwerpunktgewichtes G_S
ST	Verbindungsstab		
WM	Winkelmesser	G_S	Gewicht aller fest mit dem Rollenlager verbundenen Teile
ZE	Zeiger		
M	Rollenmittelpunkt	F_{vor}	vor der Rolle herrschende Fadenzugkraft
r	Rollenradius		
S	Schwerpunkt der fest mit dem Rollenlager verbundenen Teile	F_{nach}	nach der Rolle herrschende Fadenzugkraft

die im Schwerpunkt angreifende Einzelkraft G_S ersetzt. Beträgt der Schwerpunktabstand von der Mitte des Rollenlagers s, so läßt sich das Reibungsmoment nach der Gleichung

$$M_R = G_S \cdot x = G_S \cdot s \cdot \sin \beta \tag{7}$$

errechnen.

Hierin bedeuten:

M_R Reibungsmoment
$G_S = G + G_{RL} + G_{ST} + G_{WM}$
G_{WM} Gewicht des Winkelmessers
x wirksamer Hebelarm
s Schwerpunktabstand
β Auslenkwinkel

Die am Umfang der Belastungsrolle wirkende Kraft R ergibt sich aus der Beziehung

$$R = \frac{M_R}{r} = \frac{G_S \cdot s \cdot \sin \beta}{r}$$

oder

$$R = \frac{(G + G_{RL} + G_{ST} + G_{WM}) \cdot s \cdot \sin \beta}{r} \tag{8}$$

Vor und nach der Belastungsrolle herrschen demnach die folgenden tatsächlichen Eichkräfte:

$$F_{\text{vor}} = \frac{1}{2} \cdot \left[G_{RO} + G_{ZE} + (G + G_{RL} + G_{ST} + G_{WM}) \cdot \left(1 - \frac{s \cdot \sin \beta}{r}\right)\right] \tag{9}$$

und

$$F_{\text{nach}} = \frac{1}{2} \cdot \left[G_{RO} + G_{ZE} + (G + G_{RL} + G_{ST} + G_{WM}) \cdot \left(1 + \frac{s \cdot \sin \beta}{r}\right)\right] \tag{10}$$

Hierin bedeuten:

F_{vor} und F_{nach} vor und nach der Belastungsrolle wirkende tatsächliche Eichkräfte
G_{RO} Gewicht der Belastungsrolle
G_{ZE} Gewicht des Zeigers
G Belastungsgewicht
G_{RL} Gewicht des Rollenlagers
G_{ST} Gewicht des Stabes
G_{WM} Gewicht des Winkelmessers
s Schwerpunktabstand
β Auslenkwinkel
r Radius der Belastungsrolle

Der am Winkelmesser abzulesende Auslenkwinkel schwankt. Folglich müssen jeweils mehrere Ablesungen erfolgen, aus denen der Mittelwert zu bilden ist. Bei sehr hohen Fadengeschwindigkeiten ergeben sich beträchtliche Drehzahlen der relativ kleinen Rolle. Eine Nichtbeachtung der Lagerreibung hat dann selbst bei Spitzenlagerung einen erheblichen Meßfehler zur Folge.
Um die Belastungsrolle während des Eichens auf gleicher Höhe halten zu können, muß der Faden vor dem Meßkopf MK_1 abgebremst werden. Bei hohen Geschwindigkeiten haben bereits sehr geringe Fadenzugkraftschwankungen sehr große Höhenschwankun-

gen der Belastungsrolle zur Folge. Um die Unterschiede der Ablauffadenzugkraft ausgleichen zu können, muß die Bremse bis zum Erreichen der gewünschten Geschwindigkeit ständig nachgestellt werden. Bei hohen Geschwindigkeiten ist das Nachstellen gar nicht so feinfühlig möglich, wie es zur Vermeidung größerer Höhenunterschiede der Belastungsrolle erforderlich wäre. Mittels der in der Abb. 5 gezeigten Eichvorrichtung kann dagegen selbst bei sehr hohen Fadengeschwindigkeiten ohne Schwierigkeiten geeicht werden. Der Faden wird von der Vorlagespule *VS* abgezogen. Über den Fadenführer FF_1, die Fadenbremse *BR* und den Fadenführer FF_2 gelangt er auf die Abzugstrommel *AT* des Abzugsgerätes *AG*, die er halb umschlingt. Danach läuft er über die Umlenkrolle UR_1 in den Meßkopf MK_1 ein. Zwischen den beiden Meßköpfen bildet der Faden eine Schlinge, in die die Rolle *RO* mit dem Belastungsgewicht *G* eingehängt ist. Der Zeiger *ZE* und der Winkelmesser *WM* dienen zur Bestimmung des Lagerreibungsmomentes. Nach dem Verlassen des zweiten Meßkopfes läuft der Faden über die Umlenkrolle UR_2 und den Fadenführer FF_3 auf die Abzugstrommel *AT* auf.

Nach der ersten Umschlingung verläßt also der Faden die Abzugstrommel und durchläuft, bis er endgültig aufgewunden wird, mehrere Reibungsstellen. An diesen Reibungsstellen wird er gedehnt. Auf den ungedehnten Zustand bezogen, ist demnach die aufgewundene Garnlänge geringer als die nach der ersten Umschlingung zugelieferte Garnlänge. Infolgedessen sinkt die Belastungsrolle mit zunehmender Eichdauer nach unten. Bei hohen Fadengeschwindigkeiten sinkt die Rolle so schnell, daß das Eichen nicht mehr möglich ist. Mittels der vorgeschalteten Fadenbremse *BR* läßt sich aber der Faden bereits vor der ersten Umschlingung der Abzugstrommel geringfügig vordehnen. Nach der Abzugstrommel versucht der vorgedehnte Faden sich zu verkürzen. Bei der

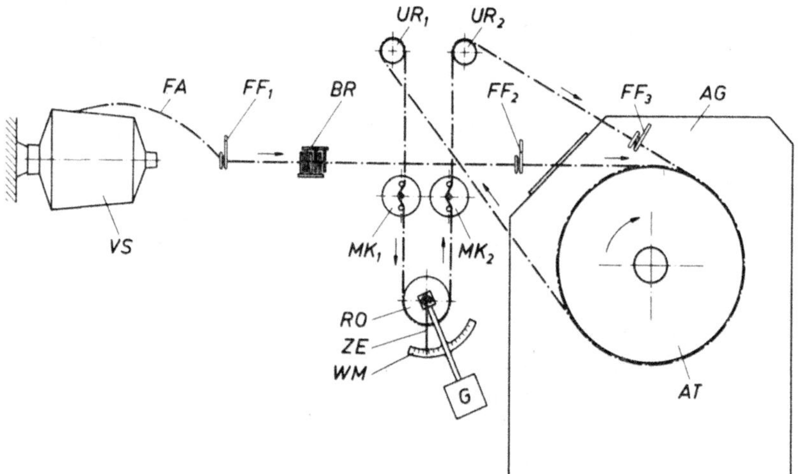

Abb. 5 Eichvorrichtung für hohe Fadengeschwindigkeiten unter Berücksichtigung der Rollenlagerreibung

VS	Vorlagespule	UR_1, UR_2	Umlenkrollen
FA	Faden	MK_1, MK_2	Fadenzugkraftmeßköpfe
FF_1–FF_3	Fadenführer	*RO*	Rolle
BR	Fadenbremse	*WM*	Winkelmesser
AT	Abzugstrommel	*G*	Belastungsgewicht
AG	Abzugsgerät	*ZE*	Zeiger

richtigen Wahl der Vordehnung gleicht diese Verkürzung die neu erzeugte Dehnung gerade aus. Auf diese Weise läßt sich die Höhe der Belastungsrolle sehr feinfühlig regulieren.
Nur wenn nach dieser oder einer ähnlichen Methode unter Berücksichtigung der Lagerreibung geeicht wird, läßt sich der Reibungskoeffizient bei hohen Fadengeschwindigkeiten exakt ermitteln.

3. Die Reibung endloser synthetischer Fäden an verschiedenen für Leit- und Bremsorgane verwendeten Reibkörpern in Abhängigkeit von den Einflußfaktoren

Die die Reibung textiler Materialien beeinflussenden Faktoren sind so zahlreich und auf so komplexe Art miteinander verflochten, daß es sehr schwierig ist, eine allgemeine, alle Einflüsse berücksichtigende Gleichung zu finden [53]. Deshalb bilden nach wie vor die klassischen Reibungsgesetze die Grundlage der meisten Reibungsuntersuchungen. Auf den klassischen Reibungsgesetzen beruhen auch die vorliegenden, auf die Gegebenheiten der Praxis abgestimmten Untersuchungen.

3.1 Die Versuchsdurchführung

Der Versuchsaufbau geht aus der Abb. 6 hervor. Durch das Abzugsgerät AG wird der Faden von der Vorlagespule VS abgezogen. Er durchläuft zuerst die Fadenbremse BR, gelangt dann über die Umlenkrolle UR_1 und den Meßkopf MK_1 zum Reibkörper RK und von dort über den Meßkopf MK_2 sowie nach erneuter Umlenkung an der Rolle UR_2 auf die Abzugstrommel AT.
Damit stets die gleiche Aufmachungseinheit vorlag, wurden alle Materialien vor Versuchsbeginn auf konische Hülsen umgespult. Mit Hilfe der Fadenbremse BR ließ sich der Mittelwert der vor dem Reibkörper herrschenden Fadenzugkraft F_1 einstellen. Die Fadenzugkraft F_1 betrug stets 0,2 g/den. Davon wurde nur dann abgewichen, wenn die nach dem Reibkörper herrschende Fadenzugkraft F_2 so groß war, daß nach der weiteren Umlenkung an der Umlenkrolle UR_2 und am Fadenführer FF_2 ein Fadenbruch eintrat. Auf diese Abweichungen wird an der betreffenden Stelle hingewiesen. Um den Einfluß der vor dem Reibkörper herrschenden Fadenzugkraft auf den Reibungskoeffizienten zu ermitteln, wurde diese Kraft, mit 0,1 g/den beginnend, stufenweise so lange erhöht, bis der Fadenbruch eintrat. Die Umlenkrollen UR_1 und UR_2 dienen zur Einstellung des am Reibkörper auftretenden Umschlingungswinkels α. Der Umschlingungswinkel betrug stets 180°. Mittels der Meßköpfe MK_1 und MK_2 wurden die vor und nach dem Reibkörper herrschenden Fadenzugkräfte F_1 und F_2 gemessen. Die Messungen erfolgten mit dem F-Meter R 1082 T der Firma Rothschild, Zürich [14–16]. Als Registriergerät fand ein Dreifach-Linienschreiber der Firma Siemens & Halske Verwendung. Es wurde der zeitabhängige Verlauf der vor und nach dem Reibkörper angreifenden Kräfte registriert und ausgewertet. Die Anzahl der Messungen betrug $N = 5$. Für jede Messung erfolgte die Errechnung des Reibungskoeffizienten nach der Eytelweinschen Beziehung. Aus der Streuung der fünf Werte wurde für eine statistische Sicherheit von $S = 95\%$ der Vertrauensbereich

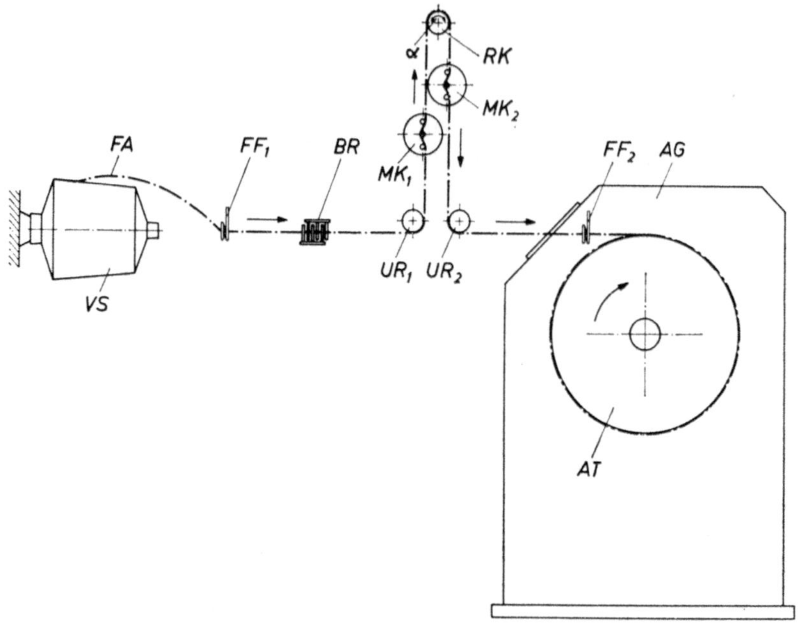

Abb. 6 Versuchsaufbau für die Reibungsmessungen

VS	Vorlagespule	MK_1, MK_2	Fadenzugkraftmeßköpfe
FA	Faden	*RK*	Reibkörper
FF_1, FF_2	Fadenführer	*AG*	Abzugsgerät
BR	Fadenbremse	*AT*	Abzugstrommel
UR_1, UR_2	Umlenkrollen	α	Umschlingungswinkel am Reibkörper

ermittelt. Für die Anfangswerte der Kurven sind die Vertrauensbereiche in den entsprechenden Abbildungen eingetragen. Als Abzugsgerät diente der Elfaspuler der Firma Stein, Mönchengladbach. Mittels einer Spezialabzugstrommel können damit Fadengeschwindigkeiten bis zu 1500 m/min erreicht werden. Die Fadengeschwindigkeit ist stufenlos regulierbar.

Im Mittelpunkt der Untersuchungen standen Reibungsmessungen an verschleißfesten Sinterkeramikstäbchen unterschiedlicher Herkunft, unterschiedlicher Oberflächenbeschaffenheit und unterschiedlichen Durchmessers. Außerdem wurden Reibkörper aus Glas und aus Stahl berücksichtigt. Die Reibungsmessungen erfolgten an endlosen Fäden aus Polyamid 6, aus Polyester und aus Polyacrylnitril unterschiedlichen Titers und Einzelfadentiters. Es wurden unpräparierte und präparierte, ungedrehte und gedrehte Fäden untersucht. Bis auf die in Abhängigkeit von den Klimabedingungen durchgeführten Prüfungen erfolgten alle Untersuchungen im Normalklima.

3.2 Die Ergebnisse der Reibungsmessungen

3.2.1 Die Reibung endloser synthetischer Fäden an Reibkörpern aus Sinterkeramik

Bei hohen Fadengeschwindigkeiten und bei hohen Fadenzugkräften können endlose synthetische Fäden einen erheblichen Verschleiß der Fadenleit- und Bremsorgane verursachen. An die Reibkörper werden deshalb hohe Anforderungen gestellt. Neben einer großen Zug-, Druck- und Biegefestigkeit müssen sie harte und verschleißfeste Oberflächen besitzen. Um elektrostatische Aufladungen der Fäden zu vermeiden, sollen die Reibkörper gut leitfähig sein. Damit Kapillarfadenbrüche vermieden werden, dürfen die Oberflächen der Reibkörper keine rauhen Stellen aufweisen. Werden die Sinterkeramikstäbe für Streckstifte verwendet, muß außerdem eine hohe Wärmeleitfähigkeit gefordert werden. Darüber hinaus soll ihre Verschmutzung gering sein [17].

In den letzten Jahren haben sich Sinterprodukte aus Metalloxiden, die hinsichtlich ihrer Härte und ihrer Dichte den Edelsteinen Saphir und Rubin nahekommen, für die Herstellung verschleißfester Fadenleit- und Bremsorgane durchgesetzt. Diese Sinterkeramikteile sind erheblich verschleißfester als Spezialporzellan- oder Steatit-Teile. Die meiste Verbreitung bei der Verarbeitung synthetischer Fäden haben Sinterkeramikprodukte mit einem sehr hohen Gehalt an Al_2O_3 gefunden. Sie zeichnen sich durch eine besonders hohe Verschleißfestigkeit und durch eine große Härte aus. Daneben gelangen auch weniger harte Sinterteile aus Titanoxid zur Anwendung.

Die Oberflächen der Sinterkeramikteile können den an sie gestellten Anforderungen angepaßt werden. In gewissen Grenzen läßt sich bereits das Wachstum der Einzelkristalle steuern. Außerdem sind verschiedene Nachbehandlungen möglich. Selbst bei nachfolgend als »unbehandelt« bezeichneten Oberflächen sind die herausragenden Oberflächenspitzen in einer ersten Nachbehandlung gebrochen. Es entsteht die sogenannte Apfelsinenhaut. Bei geschliffenen Teilen sind die Oberflächenspitzen bis auf eine vorgegebene Höhe abgeschliffen. Zwischen den glatt geschliffenen Flächen befinden sich jedoch noch Vertiefungen. Dagegen sind die Oberflächen polierter Teile bis auf den Grund der Vertiefungen geglättet und nur noch an wenigen Stellen unterbrochen. Einzelne Hersteller benutzen spezielle Nachbehandlungsverfahren, über die jedoch meistens keine genaue Auskunft zu erhalten ist.

In Anbetracht der großen Bedeutung, die den Produkten aus Sinterkeramik für die Verarbeitung endloser synthetischer Fäden zukommt, standen die Reibungsmessungen an Sinterkeramikreibkörpern im Mittelpunkt der Untersuchungen. In einer größeren Versuchsreihe fanden in Abhängigkeit von verschiedenen Einflußgrößen Reibungsmessungen an Sinterkeramikstäben (Degussit-Stäben) der Firma Degussa, Frankfurt a. M., statt (Kap. 3.2.1.1 bis 3.2.1.8). Es standen Stäbe mit mattglatter (unbehandelter) Oberfläche (*u*), mit geschliffener Oberfläche (*g*), mit polierter Oberfläche (*p*) und mit getrommelter (Spezialverfahren) Oberfläche (*s*) zur Verfügung. Die Stäbe besaßen Durchmesser von 2 mm, 5 mm, 8 mm und 20 mm.

In einer weiteren Versuchsreihe werden Reibkörper einiger bekannter Hersteller von Sinterkeramikprodukten hinsichtlich der Fadenreibung miteinander verglichen (Kap. 3.2.1.9).

3.2.1.1 Der Einfluß der Einlaufzeit auf den Reibungskoeffizienten

Während der Faden mit hoher Geschwindigkeit über den Reibkörper hinweggleitet, lagert sich auf dessen Oberfläche Präparation ab. Zwischen dem Faden und dem Reibkörper bildet sich ein Schmierfilm. Es interessiert deshalb, inwieweit sich der Reibungskoeffizient während der Entstehung des Schmierfilmes ändert. Aus diesem Grunde wurde für einige ausgewählte Fäden der Reibungskoeffizient in Abhängigkeit von der Einlaufzeit ermittelt. Die Messungen erfolgten an einem unbehandelten Reibkörper (*u*) und an einem polierten Reibkörper (*p*). Der Reibkörperdurchmesser betrug 8 mm. In der Abb. 7a ist für einen ungedrehten Polyamid 6-Faden, in der Abb. 7b ist für einen gedrehten Polyamid 6-Faden der Reibungskoeffizient μ über der Einlaufzeit aufgetragen. Bei der geringen Fadengeschwindigkeit $v = 100$ m/min betrug die Meßdauer 60 min. In dieser Zeit waren 6000 m Garn über den Reibkörper hinweggelaufen. Bei der hohen Fadengeschwindigkeit von $v = 1000$ m/min betrug die Meßdauer 15 min. Diese Zeit entspricht einer Fadenlänge von 15 000 m. Vor Beginn jeder Mes-

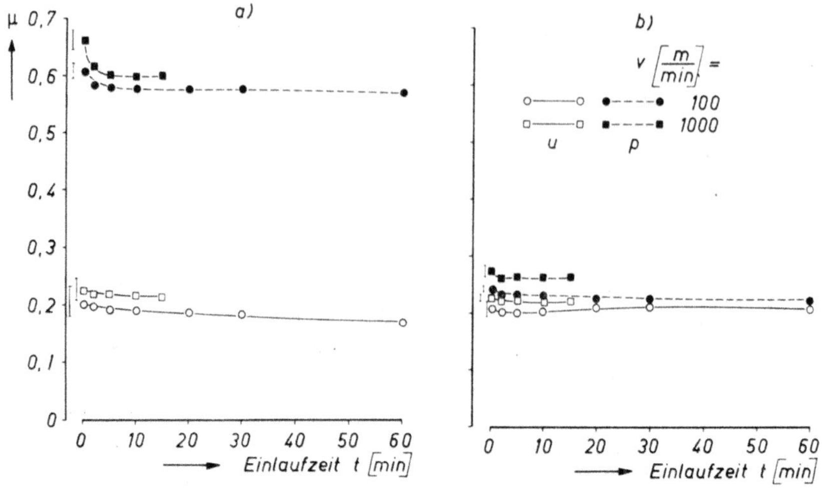

Abb. 7 Reibungskoeffizient μ in Abhängigkeit von der Einlaufzeit t

u unbehandelter Reibkörper

p polierter Reibkörper

v Fadengeschwindigkeit

Reibkörperdurchmesser $d = 8$ mm

a) Polyamid 6 Td 30/6

b) Polyamid 6 Td 30/6/300

sung wurde der Reibkörper mit gereinigtem Benzin gesäubert und 5 min lang getrocknet.

Wie aus der Abb. 7 hervorgeht, ist die Änderung des Reibungskoeffizienten mit fortschreitender Einlaufzeit gering. Lediglich bei der Reibung des ungedrehten Polyamid-6-Fadens gegen den polierten Reibkörper ist zu Beginn ein stärkerer Abfall des Reibungskoeffizienten festzustellen, der jedoch, wie genauere Nachprüfungen mit größerer Stichprobenanzahl ergaben, nach etwa 3 min weitgehend abgeschlossen ist. Bei dieser Materialpaarung erwärmt sich der Reibkörper zu Beginn sehr stark. Der Abfall des Reibungskoeffizienten dürfte deshalb in erster Linie auf diese Erwärmung zurückzuführen sein. Allerdings bildet sich vermutlich bei der sehr glatten Oberfläche des polierten Reibkörpers auch viel schneller ein durchgehender Schmierfilm als bei der Oberfläche des unbehandelten Reibkörpers. Bei letzterem füllt die Präparation zuerst die Vertiefungen aus. Die Kombination »gedrehter Faden – polierter Reibkörper« ergibt ebenfalls einen, wenn auch geringeren Abfall des Reibungskoeffizienten zu Beginn des Einlaufens. Wie aus der Abb. 8 hervorgeht, treten bei den Fäden aus Polyacrylnitril (Abb. 8a) und aus Polyester (Abb. 8b) die gleichen Tendenzen wie bei den Polyamid 6-Fäden auf. Die Ablagerung von Fadenpräparation beeinflußt die Reibung demnach nur in geringem Maße.

Bei einigen später noch zu besprechenden Versuchen war allerdings von einer bestimmten Geschwindigkeit an die Ablagerung einer größeren Menge fester Substanzen auf dem Reibkörper zu beobachten. Der Reibungskoeffizient stieg daraufhin sprunghaft an, und es kam innerhalb einer kurzen Zeit zum Fadenbruch. Diese Erscheinung trat hauptsächlich bei ungedrehten Fäden in Verbindung mit polierten Reibkörpern großen Durchmessers auf. In Verbindung mit Reibkörpern aus Glas war sie in noch stärkerem Maße festzustellen. Vermutlich erwärmt sich der Faden an der Oberfläche örtlich so stark, daß das Lösungsmittel der Präparation verdampft. Die sich bildende feste Substanz erhöht den Reibungskoeffizienten beträchtlich.

An Hand der Abb. 7 und 8 wurden die Einlaufbedingungen für die Reibungsmessungen wie folgt festgelegt: Vor jeder Messung wurde der Reibkörper chemisch gereinigt und

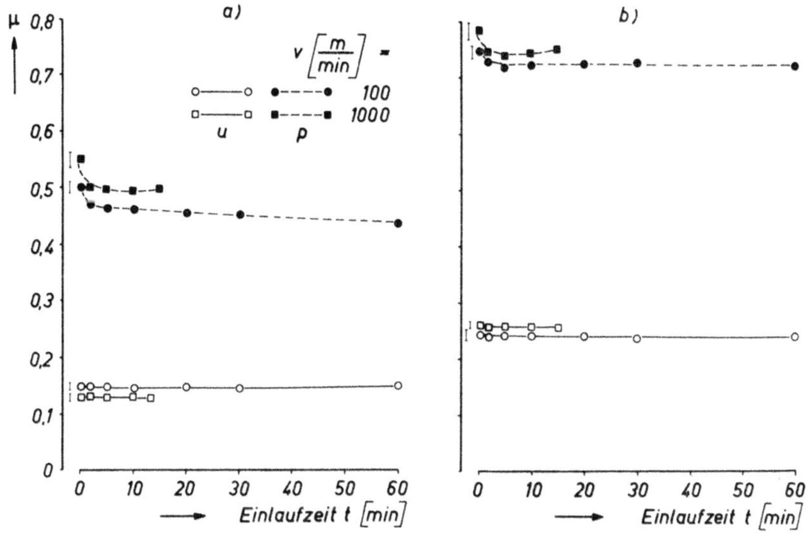

Abb. 8 Reibungskoeffizient μ in Abhängigkeit von der Einlaufzeit t
u unbehandelter Reibkörper — a) Polyacrylnitril Td 100/48
p polierter Reibkörper — b) Polyester Td 90/35
Reibkörperdurchmesser $d = 8$ mm

anschließend 5 min lang getrocknet. Danach wurde der Faden zum Einlaufen mit einer Geschwindigkeit von 100 m/min über den Reibkörper geführt. Die Einlaufdauer betrug 5 min. Erst nach dieser Einlaufzeit begann die Messung. Die während der Meßdauer von 2 min eintretende Änderung des Reibungskoeffizienten ist dann vernachlässigbar gering.

3.2.1.2 Der Einfluß der Fadengeschwindigkeit auf den Reibungskoeffizienten

Durch konstruktive Verbesserungen der Maschinen gelingt es, die Liefergeschwindigkeit ständig zu steigern. Beim Spulen synthetischer Fäden werden bereits Fadengeschwindigkeiten von 1500 m/min und darüber erreicht. Aus diesem Grunde ist die bei hohen Fadengeschwindigkeiten auftretende Reibung von besonderem Interesse. Die Reibungsmessungen erstreckten sich daher auf Fadengeschwindigkeiten bis zu 1500 m/min.

In der Abb. 9a ist der Reibungskoeffizient μ für einen ungedrehten Polyamid 6-Faden und in der Abb. 9b ist der Reibungskoeffizient μ für einen gedrehten Polyamid 6-Faden über der Fadengeschwindigkeit aufgetragen. Als Reibkörper fanden unbehandelte Reibkörper (*u*) und polierte Reibkörper (*p*) von unterschiedlichem Durchmesser Verwendung. Bei der Reibung des ungedrehten Fadens gegen die unbehandelten Reibkörper ergibt sich in Abhängigkeit von der Fadengeschwindigkeit keine statistisch gesicherte Änderung des Reibungskoeffizienten (Abb. 9a). Dagegen nimmt der Reibungskoeffizient bei der Reibung des ungedrehten Fadens gegen die polierten Reibkörper mit wachsender Fadengeschwindigkeit zu (Abb. 9a). Die augenblicklichen Steigungen der Kurven sind anfangs groß. Später stellt sich jedoch ein etwa konstanter Wert ein. Der Reibungskoeffizient des gedrehten Fadens steigt sowohl bei der Verwendung der unbehandelten als auch bei der Verwendung der polierten Reibkörper mit zunehmender Fadengeschwindigkeit an (Abb. 9b). Bei der Reibung des gedrehten Fadens gegen die polierten Reibkörper hält der diesbezügliche Anstieg sogar bis zu einer Fadengeschwindigkeit von 1500 m/min an.

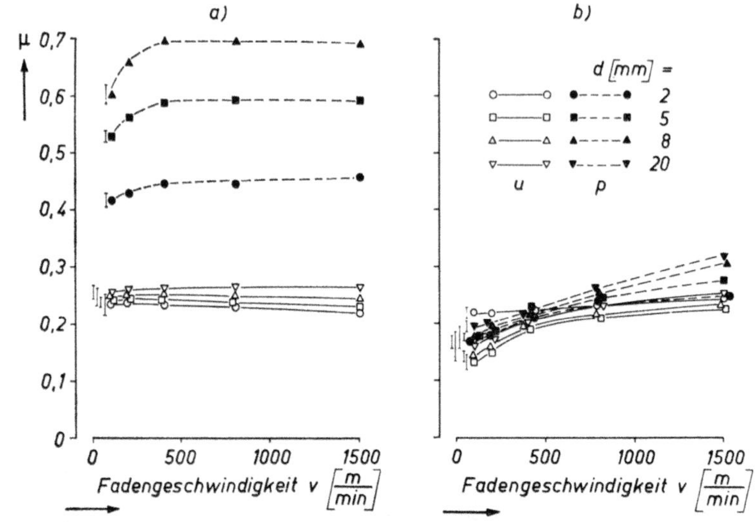

Abb. 9 Reibungskoeffizient μ in Abhängigkeit von der Fadengeschwindigkeit v

u unbehandelter Reibkörper   a) Polyamid 6 Td 30/6

p polierter Reibkörper   b) Polyamid 6 Td 30/6/300

d Reibkörperdurchmesser

Die Fäden aus Polyacrylnitril weichen hinsichtlich ihres Reibungsverhaltens von den Polyamid 6-Fäden ab (Abb. 10). Der zwischen dem ungedrehten Polyacrylnitril-Faden und den unbehandelten Reibkörpern sich ergebende Reibungskoeffizient fällt mit zunehmender Fadengeschwindigkeit geringfügig, allerdings statistisch nicht gesichert, ab (Abb. 10a). Bei der Verwendung der polierten Reibkörper ist anfangs ein Anstieg, ab einer Fadengeschwindigkeit von etwa 400 m/min wieder eine geringfügige Abnahme des Reibungskoeffizienten zu verzeichnen. Bei den Kombinationen »gedrehter Polyacrylnitril-Faden – unbehandelte Reibkörper« ergibt sich mit zunehmender Fadengeschwindigkeit ein statistisch gesicherter Abfall des Reibungskoeffizienten (Abb. 10b). Dagegen ist die Kurventendenz bei der Verwendung des polierten Reibkörpers vom

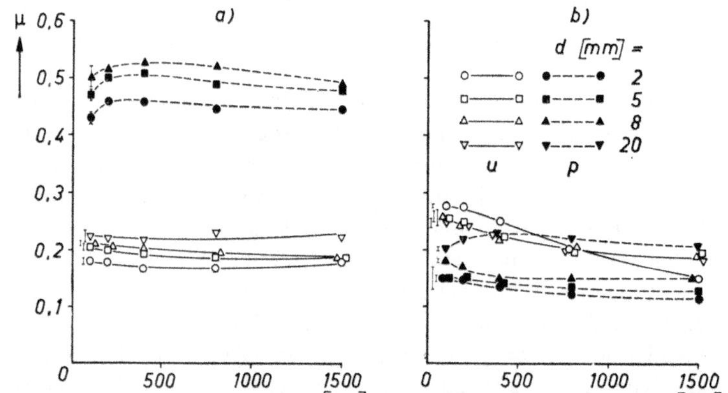

Abb. 10 Reibungskoeffizient μ in Abhängigkeit von der Fadengeschwindigkeit v

u unbehandelter Reibkörper   *d* Reibkörperdurchmesser

p polierter Reibkörper   a) Polyacrylnitril Td 50/24

($F_1 = 0{,}1$ g/den)   b) Polyacrylnitril Td 50/24/800

Durchmesser abhängig. Bis zu einem Durchmesser von 8 mm fällt der Reibungskoeffizient mit zunehmender Fadengeschwindigkeit geringfügig ab. Bei dem Durchmesser von 20 mm steigt der Reibungskoeffizient anfangs an und bleibt später annähernd konstant.

Die Reibung des ungedrehten Polyester-Fadens gegen die unbehandelten Reibkörper ist ebenfalls durch einen geringfügigen Abfall des Reibungskoeffizienten gekennzeichnet, der auf die zunehmende Fadengeschwindigkeit zurückzuführen ist (Abb. 11). Der zwischen dem ungedrehten Polyester-Faden und den polierten Reibkörpern sich ergebende Reibungskoeffizient fällt ebenfalls anfangs geringfügig ab, steigt aber später wieder an. Für die Fadengeschwindigkeit von $v = 1500$ m/min konnte kein Wert ermittelt werden, da der Faden bereits vorher gerissen war. Auch bei dem Reibkörperdurchmesser von 20 mm ließ sich infolge vorzeitigen Fadenbruches kein Reibungskoeffizient bestimmen. Bei diesen Versuchsbedingungen trat die bereits erwähnte Ablagerung fester Substanzen auf, die vermutlich auf eine örtliche Erwärmung des Fadens zurückzuführen ist. Wenn angenommen wird, daß die örtliche Erwärmung mit wachsender Berührungslänge zunimmt, läßt sich dieses Verhalten erklären. An dem vorzeitigen Fadenbruch hat außerdem die Reibung an den weiteren Umlenkstellen einen Anteil.

Wie aus den Abb. 9, 10 und 11 hervorgeht, verhalten sich die verschiedenen synthetischen Fäden hinsichtlich des Reibungskoeffizienten in Abhängigkeit von der Fadengeschwindigkeit recht unterschiedlich. Der Reibungskoeffizient kann mit zunehmender Fadengeschwindigkeit sowohl ansteigen als auch abfallen. Mit den von einigen Autoren [18–20] für die Mischreibung aufgestellten Gleichungen läßt sich dieses Verhalten nicht erklären. Nach diesen Gleichungen wäre mit steigender Fadengeschwindigkeit stets eine Zunahme des Reibungskoeffizienten zu erwarten. An dem bei bestimmten Materialpaarungen auftretenden Abfall des Reibungskoeffizienten ist zu erkennen, daß der Reibungsvorgang viel komplexerer Natur zu sein scheint, als es bislang anzunehmen

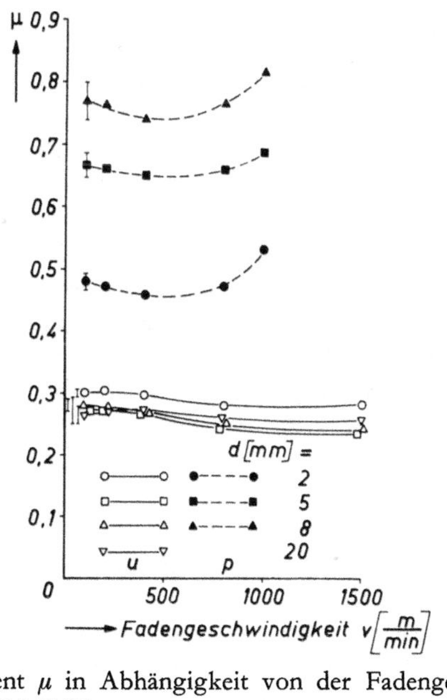

Abb. 11 Reibungskoeffizient μ in Abhängigkeit von der Fadengeschwindigkeit v für den Polyester-Faden Td 68/25

u unbehandelter Reibkörper
d Reibkörperdurchmesser
p polierter Reibkörper

war. Nach den bekannten Theorien basiert die Reibung vorwiegend auf dem Abscheren der Oberflächenspitzen der sich berührenden Körper und auf der Adhäsion. Im ersten Fall werden Bindungen zwischen den Molekülen der beteiligten Körper gelöst; im zweiten Fall werden Bindungen, die erst bei der Berührung der beiden Körper entstehen, gesprengt. Die Wirkung eines Schmierfilms beruht darauf, daß die zwischen den Molekülen der beiden Körper bestehenden Bindungen teilweise durch Bindungen mit beweglicheren Flüssigkeitsmolekülen ersetzt werden. In Anwesenheit eines »Schmiermittels« ist demnach die Reibung geringer. Doch selbst ohne ein solches Schmiermittel befinden sich in den Grenzschichten adsorbierte Gas- und Wassermoleküle, die die Reibung beeinflussen. Vermutlich sind Änderungen in der Beschaffenheit der Grenzschichten die Ursache für viele noch ungeklärte Phänomene des Reibungsvorganges. Bei hohen Fadengeschwindigkeiten und besonders bei der Kombination eines ungedrehten Fadens mit einem polierten Reibkörper entsteht eine beträchtliche Reibungswärme, die zur örtlichen Erwärmung des Reibkörpers führt. Wahrscheinlich ändert diese Erwärmung ebenfalls die »Schmiereigenschaften« der Grenzschichten und trägt infolgedessen zur Änderung des Reibungskoeffizienten bei. In den meisten Fällen steigt der Reibungskoeffizient mit zunehmender Fadengeschwindigkeit an [14, 16, 18–24]. Die Reibung an glatten Reibkörperoberflächen ist bei allen untersuchten Fäden stärker geschwindigkeitsabhängig als die Reibung an den rauheren Oberflächen.

3.2.1.3 Der Einfluß der vor dem Reibkörper angreifenden Fadenzugkraft auf den Reibungskoeffizienten

Ein Faden durchläuft bis zum Verweben, Verwirken oder Verstricken mehrere Verarbeitungsprozesse. Die während der verschiedenen Prozesse angewandten Fadenzugkräfte sind unterschiedlich. Es interessiert deshalb die Abhängigkeit des Reibungskoeffizienten von der Fadenzugkraft zu kennen. In der vorliegenden Arbeit wurde die vor dem Reibkörper herrschende Fadenzugkraft von 0,1 g/den beginnend so lange erhöht, bis der Fadenbruch eintrat. Bei der Reibung ungedrehter Fäden aus Polyacrylnitril und Polyester gegen polierte Reibkörper ergibt sich ein so großer Reibungskoeffizient, daß schon bei sehr geringen Fadenzugkräften ein Fadenbruch eintritt. Die Kurven dieser Materialpaarungen fehlen deshalb in den entsprechenden Abbildungen.
In der Abb. 12 sind die Reibungskoeffizienten eines ungedrehten Polyamid 6-Fadens (Abb. 12a) und eines gedrehten Polyamid 6-Fadens (Abb. 12b) in Abhängigkeit von der vor dem Reibkörper herrschenden Fadenzugkraft F_1 aufgetragen. Die Untersuchungen erfolgten bei zwei verschiedenen Fadengeschwindigkeiten unter Verwendung eines unbehandelten und eines polierten Reibkörpers. Mit zunehmender Fadenzugkraft F_1 wird der Reibungskoeffizient bei allen gewählten Versuchsbedingungen kleiner. Die Kombination »ungedrehter Faden – unbehandelter Reibkörper« ergibt sowohl bei der geringen als auch bei der hohen Fadengeschwindigkeit einen relativ geringen Abfall des Reibungskoeffizienten (Abb. 12a). Dagegen fallen die unter Verwendung des polierten Reibkörpers erhaltenen Kurven des gleichen Fadens steil ab (Abb. 12a). Im Bereich der praktisch vorkommenden Fadenzugkräfte von 0,1 g/den bis 0,3 g/den sind die augenblicklichen Steigungen der Kurven relativ groß. Später verlaufen die Kurven erheblich flacher.
Bei der Kombination »gedrehter Faden – unbehandelter Reibkörper« ist der Abfall des Reibungskoeffizienten größer als bei der Kombination »ungedrehter Faden – unbehandelter Reibkörper« (Abb. 12a und b). Unter Verwendung des polierten Reibkörpers ergibt sich dagegen beim gedrehten Faden eine wesentlich geringere Abnahme des Reibungskoeffizienten als beim ungedrehten Faden.

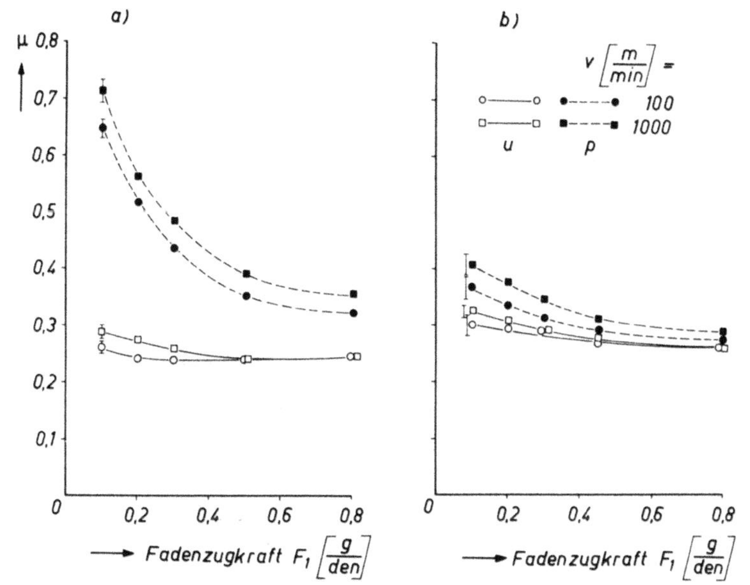

Abb. 12 Reibungskoeffizient μ in Abhängigkeit von der vor dem Reibkörper angreifenden Fadenzugkraft F_1

u unbehandelter Reibkörper
p polierter Reibkörper
v Fadengeschwindigkeit

Reibkörperdurchmesser $d = 8$ mm
a) Polyamid 6 Td 40/9
b) Polyamid 6 Td 40/9/300

Auch die Reibung der Polyacrylnitril- und der Polyester-Fäden ist durch einen Abfall des Reibungskoeffizienten mit steigender Fadenzugkraft F_1 gekennzeichnet (Abb. 13 und Abb. 14). Bereits bei der Verwendung des unbehandelten Reibkörpers fällt der Reibungskoeffizient deutlich ab. Vermutlich hätte sich in Verbindung mit dem polierten Reibkörper ein beträchtlicher Abfall des Reibungskoeffizienten ergeben. Die Durchführung der Messung war jedoch nicht möglich, da wahrscheinlich das Lösungsmittel der Präparation verdampft und die dabei entstehenden festen Substanzen zum Fadenbruch führen.

Der mit zunehmender Fadenzugkraft F_1 sich ergebende Abfall des Reibungskoeffizienten läßt sich erklären, wenn in Übereinstimmung mit einer Reihe anderer Autoren [22, 25–31] angenommen wird, daß die Adhäsionskräfte von der tatsächlichen Kontaktfläche abhängen. Es wird dabei unterstellt, daß die Berührung selbst bei äußerlich sehr glatten Körpern nur an den Spitzen der Oberfläche stattfindet und daß sich diese Spitzen unter der hohen Flächenpressung verformen. Wenn angenommen wird, daß die Oberflächenspitzen die Form von Kugelkalotten haben und sich rein elastisch verformen, so ist die tatsächliche Berührungsfläche F proportional der dritten Wurzel aus dem Quadrat der Normalkraft N [22, 25–31]:

$$F \sim N^{\frac{2}{3}} \tag{11}$$

Demnach steigt die tatsächliche Kontaktfläche langsamer als die Normalkraft, was zu einer Abnahme des Reibungskoeffizienten führt.

Bei der Reibung eines ungedrehten Fadens gegen einen polierten Reibkörper sind beide Oberflächen so glatt, daß sich bereits bei sehr geringen Flächenpressungen eine relativ große Kontaktfläche ergibt. Deshalb ist bei dieser Materialpaarung der Reibungskoeffizient besonders groß. Der Berührung zwischen dem Faden und dem Reibkörper

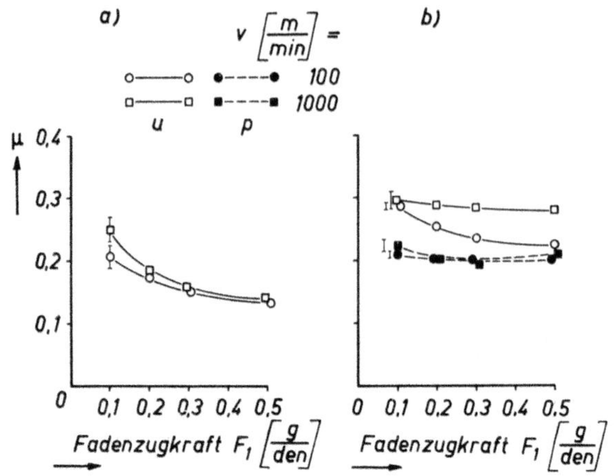

Abb. 13 Reibungskoeffizient μ in Abhängigkeit von der vor dem Reibkörper angreifenden Fadenzugkraft F_1

u unbehandelter Reibkörper
p polierter Reibkörper
v Fadengeschwindigkeit

Reibkörperdurchmesser $d = 8$ mm
a) Polyacrylnitril Td 85/36
b) Polyacrylnitril Td 85/36/1150

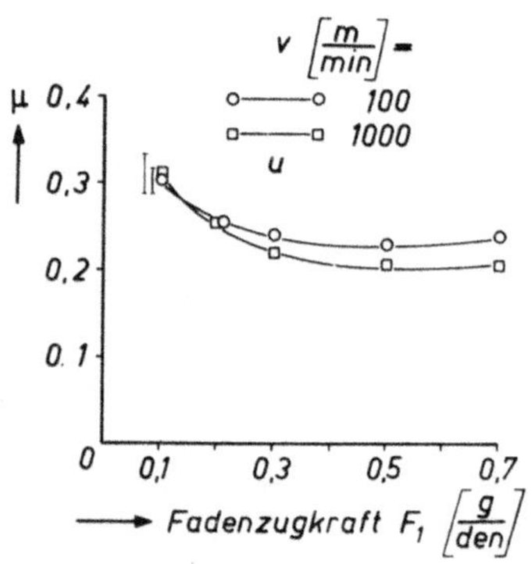

Abb. 14 Reibungskoeffizient μ in Abhängigkeit von der vor dem Reibkörper angreifenden Fadenzugkraft F_1 für den Polyester-Faden Td 68/25

u unbehandelter Reibkörper
v Fadengeschwindigkeit

Reibkörperdurchmesser $d = 8$ mm

entspricht dann als Modell besser die Berührung zwischen einer Walze und einer Platte. Wird wieder eine rein elastische Verformung angenommen, so wird für diesen Modellfall die Breite der Berührungsfläche (Abb. 15) [32]:

$$b = 4 \left[\frac{N \cdot r \cdot (1 - \nu)^2}{\pi \cdot l} \left(\frac{1}{E_1} + \frac{1}{E_2} \right) \right]^{\frac{1}{2}} \tag{12}$$

Hierin bedeuten:

b	Breite der Auflagefläche
l	Länge der Auflagefläche
r	Walzenradius
ν	Querzahl
E_1	Elastizitätsmodul der Walze
E_2	Elastizitätsmodul der Platte
N	Normalkraft

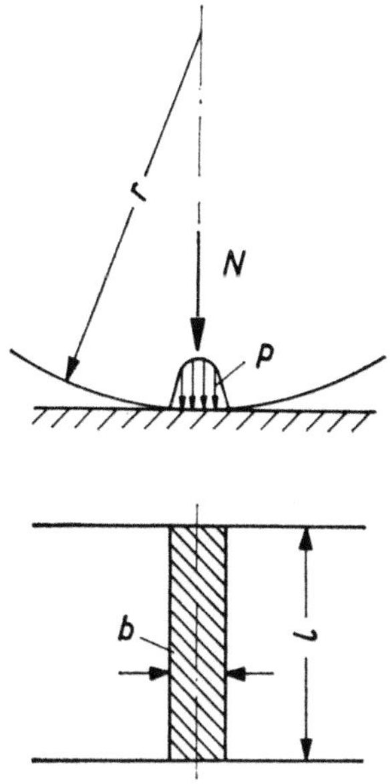

Abb. 15 Berührungsfläche zwischen einem elastischen Zylinder und einer Platte
N Normalkraft — b Breite der Berührungsfläche
r Radius des Zylinders — l Länge der Berührungsfläche
p Druckspannung

Die Breite b der Auflagefläche ist der Quadratwurzel der Normalkraft N proportional:

$$b \sim N^{\frac{1}{2}} \tag{13}$$

Für eine konstante Länge der Auflagefläche gilt demnach:

$$F \sim N^{\frac{1}{2}} \tag{14}$$

In diesem Modellfall nimmt die tatsächliche Kontaktfläche mit steigender Normalkraft noch weniger zu als im Modellfall mit Kugelkalotten. Der Reibungskoeffizient fällt infolgedessen mit zunehmender Fadenzugkraft noch stärker ab als bei dem Kalottenmodell. Bei sehr geringen Flächenpressungen ist die Verformung des Fadens an der Berührungsstelle gering. Trotzdem ergibt sich eine im Verhältnis zur Normalkraft relativ große Kontaktfläche. Diese bei geringer Normalkraft entstehende Kontaktfläche ist bei der Kombination »ungedrehter Faden – polierter Reibkörper« besonders groß. Sie verringert sich sehr stark, wenn entweder der Faden eine Drehung hat oder wenn die Rauhigkeit des Reibkörpers zunimmt. Die Materialpaarung »ungedrehter Faden – polierter Reibkörper« ergibt daher bei sehr geringen Fadenzugkräften F_1 einen erheblich größeren Reibungskoeffizienten als die Kombinationen »gedrehter Faden – polierter Reibkörper« und »ungedrehter Faden – unbehandelter Reibkörper«. Mit zunehmender Fadenzugkraft F_1 sinkt der Reibungskoeffizient bei der erstgenannten Materialpaarung stärker ab als bei den zuletzt genannten. Wenn für die Materialpaarung »ungedrehter Faden – polierter Reibkörper« das Modell Walze–Platte, für die Materialpaarungen »gedrehter Faden – polierter Reibkörper« und »ungedrehter Faden – unbehandelter Reibkörper« dagegen das Kalottenmodell zugrunde gelegt wird, läßt sich auch dieses Verhalten erklären.

Wie aus den Ergebnissen dieses Kapitels hervorgeht, nimmt der Reibungskoeffizient im Bereich der praktisch vorkommenden Fadenzugkräfte (0,1 g/den bis 0,3 g/den) mit zunehmender Fadenzugkraft F_1 relativ stark ab. Dieses Verhalten ist für Fadenleit- und Bremsorgane von Vorteil, da unerwünschte Fadenzugkraftspitzen weniger verstärkt werden, als es bei konstantem Reibungskoeffizienten der Fall wäre.

3.2.1.4 Der Einfluß der Klimabedingungen auf den Reibungskoeffizienten

Die Änderung der zwischen dem Faden und den Leit- bzw. den Bremsorganen der Maschinen auftretenden Reibung führt zu einer Zunahme oder zu einer Abnahme der Fadenzugkraft. Da in nicht klimatisierten Räumen beträchtliche Klimaschwankungen vorkommen können, ist die Abhängigkeit des Reibungskoeffizienten von den Klimabedingungen von praktischem Interesse. Aus diesem Grunde erfolgten Reibungsmessungen in Abhängigkeit von der Raumtemperatur und von der relativen Luftfeuchtigkeit. Zunächst wurde bei einer konstant gehaltenen relativen Luftfeuchtigkeit von 65% die Temperatur in Stufen von 10°C zwischen 0 und 30°C geändert. In einer weiteren Versuchsreihe erfolgte die Änderung der relativen Luftfeuchtigkeit in den Stufen 15%, 40%, 65% und 85%. Die konstant gehaltene Temperatur betrug dabei 20°C. Das Versuchsmaterial lag vor Beginn der Messungen 24 Stunden in dem jeweiligen Versuchsklima aus.

In der Abb. 16 ist für einen ungedrehten und für einen gedrehten Polyamid 6-Faden der Reibungskoeffizient μ über der Temperatur aufgetragen. Bei der Materialpaarung »ungedrehter Faden – unbehandelter Reibkörper« ergibt sich ein mit zunehmender Temperatur ansteigender Reibungskoeffizient (Abb. 16a). Dagegen ändert sich der Reibungskoeffizient des ungedrehten Fadens nur geringfügig und statistisch nicht gesichert, wenn ein polierter Reibkörper Verwendung findet (Abb. 16a). Bei dem gedrehten Faden nimmt der Reibungskoeffizient dagegen sowohl bei der Verwendung des unbehandelten Reibkörpers als auch bei der Verwendung des polierten Reibkörpers mit steigender Temperatur ab (Abb. 16b). Der Abfall ist größer, wenn der polierte Reibkörper Verwendung findet.

Bei den Polyacrylnitril-Fäden wird der Reibungskoeffizient für alle Faden–Reibkörper-Kombinationen mit zunehmender Temperatur kleiner (Abb. 17). Der Abfall ist bei den

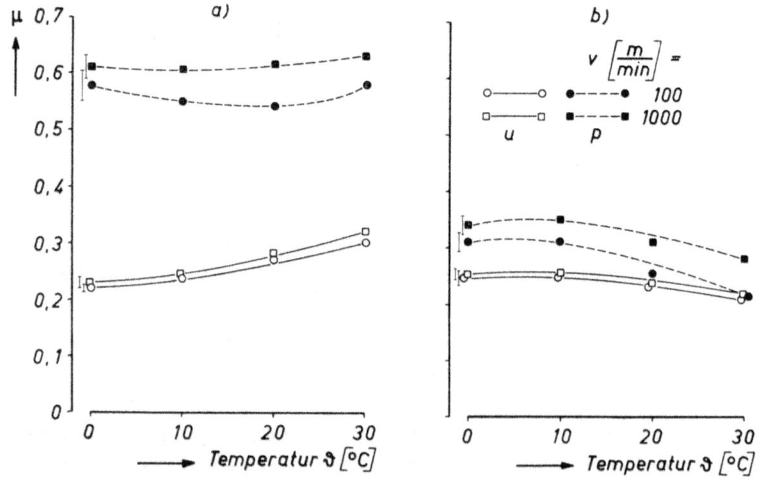

Abb. 16 Reibungskoeffizient μ in Abhängigkeit von der Temperatur ϑ

rel. Luftfeuchtigkeit $\varphi = 65\%$ — Reibkörperdurchmesser $d = 8$ mm

u unbehandelter Reibkörper — a) Polyamid 6 Td 40/9

p polierter Reibkörper — b) Polyamid 6 Td 40/9/300

v Fadengeschwindigkeit

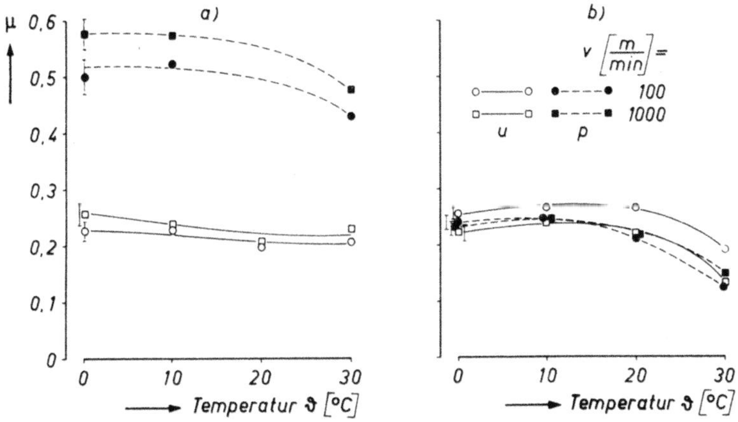

Abb. 17 Reibungskoeffizient μ in Abhängigkeit von der Temperatur ϑ
rel. Luftfeuchtigkeit $\varphi = 65\%$
Reibkörperdurchmesser $d = 8$ mm
u unbehandelter Reibkörper
p polierter Reibkörper
v Fadengeschwindigkeit
a) Polyacrylnitril Td 100/48
b) Polyacrylnitril Td 100/48/600

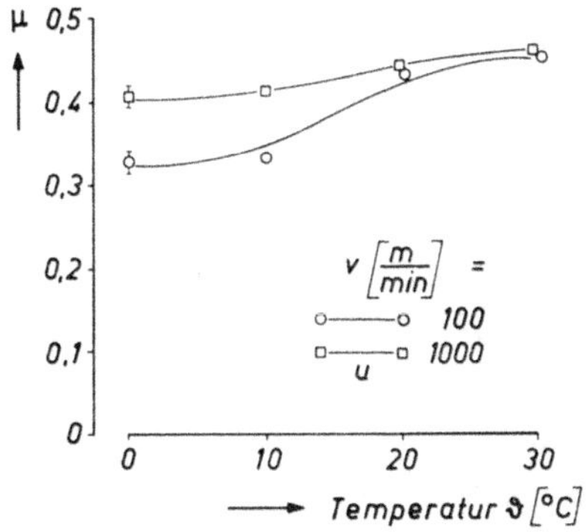

Abb. 18 Reibungskoeffizient μ in Abhängigkeit von der Temperatur ϑ für den Polyester-Faden Td 50/24/matt
u unbehandelter Reibkörper
v Fadengeschwindigkeit
Reibkörperdurchmesser $d = 8$ mm

gedrehten Fäden größer als bei den ungedrehten Fäden. Die Reibung des ungedrehten mattierten Polyester-Fadens gegen den unbehandelten Reibkörper ist dagegen durch einen geringfügigen Anstieg des Reibungskoeffizienten gekennzeichnet (Abb. 18). Die aufgezeigten Tendenzen stimmen für beide Fadengeschwindigkeiten (100 m/min und 1000 m/min) miteinander überein. Mit Ausnahme der Materialpaarungen »ungedrehter Polyamid 6-Faden – unbehandelter Reibkörper« und »ungedrehter mattierter Polyester-Faden – unbehandelter Reibkörper« sinkt der Reibungskoeffizient bei endlosen synthetischen Fäden mit zunehmender Temperatur. Fieles-Kahl [20] und Helli [20] erklären diesen Abfall mit der sinkenden Viskosität der Präparation. Ausnahmen lassen jedoch erkennen, daß sich die „Schmiereigenschaften" der Grenzschichten mit zunehmender Temperatur auch verschlechtern können.
Ähnlich verhält es sich mit dem Einfluß der relativen Luftfeuchtigkeit. Je nach der gewählten Materialpaarung kann der Reibungskoeffizient mit zunehmender relativer

Luftfeuchtigkeit zu- oder abnehmen (Abb. 19–21). Bei dem ungedrehten Polyamid 6-Faden steigt der Reibungskoeffizient mit zunehmender relativer Luftfeuchtigkeit an. Das trifft sowohl für den unbehandelten als auch für den polierten Reibkörper zu (Abb. 19a). Einen großen Einfluß übt die relative Luftfeuchtigkeit bei dem gedrehten Polyamid 6-Faden auf die Reibung aus (Abb. 19b). Der Reibungskoeffizient sinkt zunächst ab und steigt später wieder an. Das Minimum der Kurven befindet sich in der Nähe des Normalklimas.

Die Reibung der gedrehten Polyacrylnitril-Fäden ist dagegen sowohl bei der Verwendung des unbehandelten als auch bei der Verwendung des polierten Reibkörpers von der relativen Luftfeuchtigkeit weitgehend unabhängig (Abb. 20). Für die Materialpaarung »ungedrehter Polyester-Faden – unbehandelter Reibkörper« ergibt sich ein

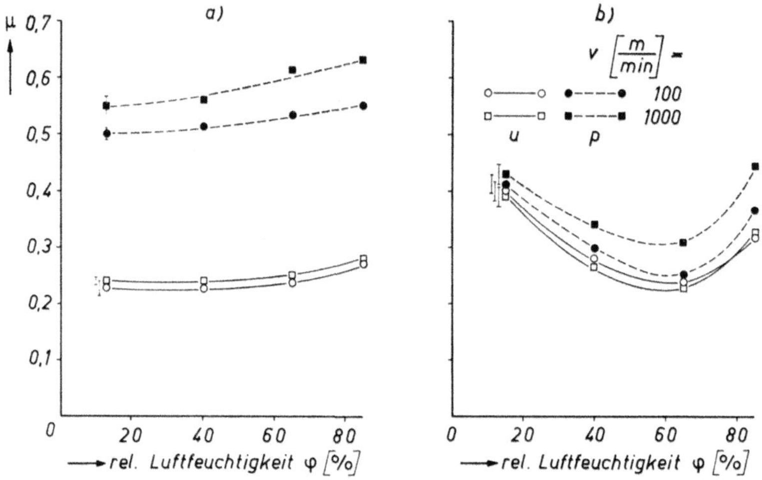

Abb. 19 Reibungskoeffizient μ in Abhängigkeit von der relativen Luftfeuchtigkeit φ
Temperatur $\vartheta = 20°C$ Reibkörperdurchmesser $d = 8$ mm
u unbehandelter Reibkörper a) Polyamid 6 Td 40/9
p polierter Reibkörper b) Polyamid 6 Td 40/9/300
v Fadengeschwindigkeit

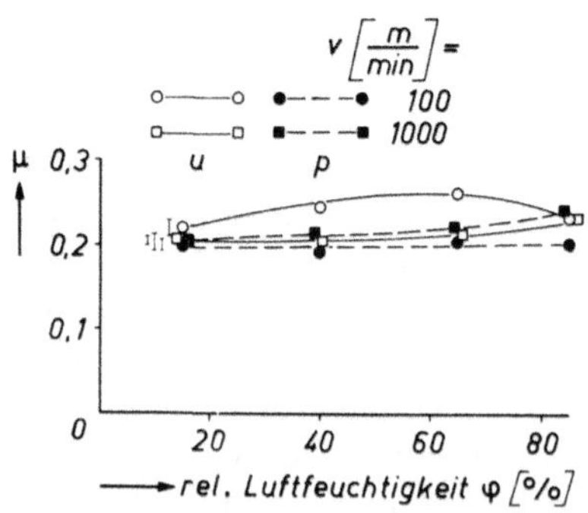

Abb. 20 Reibungskoeffizient μ in Abhängigkeit von der relativen Luftfeuchtigkeit φ für den Polyacrylnitril-Faden Td 100/48/600
Temperatur $\vartheta = 20°C$ *v* Fadengeschwindigkeit
u unbehandelter Reibkörper Reibkörperdurchmesser $d = 8$ mm
p polierter Reibkörper

deutlicher Anstieg des Reibungskoeffizienten (Abb. 21). Eine Erhöhung der Fadengeschwindigkeit bringt keine Änderung der aufgezeigten Tendenzen.
Wie aus den Ergebnissen dieses Kapitels hervorgeht, ist der Einfluß der Klimabedingungen weitgehend vom Fadenmaterial abhängig. Bei einigen Fadenmaterialien können stärkere Klimaschwankungen durchaus nennenswerte Fadenzugkraftschwankungen hervorrufen.

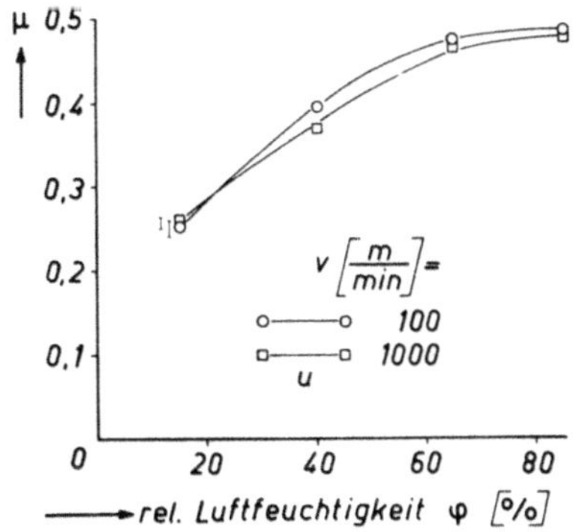

Abb. 21 Reibungskoeffizient μ in Abhängigkeit von der relativen Luftfeuchtigkeit φ für den Polyester-Faden Td 50/24/matt
Temperatur $\vartheta = 20°$ C — v Fadengeschwindigkeit
u unbehandelter Reibkörper — Reibkörperdurchmesser $d = 8$ mm

3.2.1.5 Der Einfluß des Reibkörperdurchmessers auf den Reibungskoeffizienten

Aus mehreren Arbeiten [14, 16, 22, 23, 24, 26, 30, 33, 34, 35] ist bekannt, daß auch der Reibkörperdurchmesser den Reibungskoeffizienten beeinflussen kann. Aus diesem Grunde wurden die Reibungsmessungen an Sinterkeramikreibkörpern unterschiedlichen Durchmessers durchgeführt. Die Reibkörperdurchmesser betrugen 2 mm, 5 mm, 8 mm und 20 mm.
In den Abb. 9, 10 und 11 ist der Reibkörperdurchmesser als Parameter dargestellt. Mit zunehmendem Reibkörperdurchmesser nimmt der Reibungskoeffizient aller untersuchten Fäden zu. Eine Ausnahme bilden in einigen Fällen die beim kleinsten Reibkörperdurchmesser ($d = 2$ mm) ermittelten Reibungskoeffizienten. Die mit wachsendem Reibkörperdurchmesser sich ergebende Zunahme des Reibungskoeffizienten ist bei der Verwendung des polierten Reibkörpers erheblich größer als bei der Verwendung des unbehandelten Reibkörpers. Wenn die Untersuchungen mit dem polierten Reibkörper von 20 mm Durchmesser erfolgten, traten bei allen ungedrehten Fäden vorzeitig Fadenbrüche auf (Abb. 9a, 10a und 11a). Dagegen ist der Einfluß des Reibkörperdurchmessers auf den Reibungskoeffizienten bei den gedrehten Fäden gering (Abb. 9b und 10b). Die Zunahme des Reibungskoeffizienten mit wachsendem Reibkörperdurchmesser läßt sich an Hand des Modells »Walze–Platte« erklären. Bei konstantem Umschlingungswinkel entspricht einer Vergrößerung des Reibkörperdurchmessers eine Verlängerung der Walze bei konstanter Normalkraft. Die Gleichung (12) läßt sich in die Beziehung

$$b \sim \left(\frac{1}{l}\right)^{\frac{1}{2}} \tag{15}$$

umformen.

Für die tatsächliche Berührungsfläche gilt dann:

$$F = b \cdot l \sim l^{\frac{1}{2}} \tag{16}$$

Hierin bedeuten:

F	Berührungsfläche
b	Breite der Berührungsfläche
l	Länge der Berührungsfläche

Die tatsächliche Kontaktfläche und mithin nach der Theorie auch die Adhäsionskraft nehmen folglich bei gleichbleibender Normalkraft mit zunehmender Länge der Berührungsfläche zu. Auf diese Weise läßt sich bei der Verwendung des polierten Reibkörpers die besonders große Zunahme des Reibungskoeffizienten mit wachsendem Reibkörperdurchmesser erklären.

3.2.1.6 Der Einfluß der Oberflächenbeschaffenheit des Reibkörpers auf den Reibungskoeffizienten

Für die Untersuchungen fanden Reibkörper aus Sinterkeramik der Firma Degussa, Frankfurt a. M., mit vier verschiedenen Oberflächenbehandlungen Verwendung:

u	mattglatt (unbehandelt)
s	getrommelt (Spezialverfahren)
g	feingeschliffen
p	poliert

In der Abb. 22 sind für einige Fäden die Reibungskoeffizienten als Säulen über der Art der Oberflächenbehandlung aufgetragen. Der Reibkörperdurchmesser betrug 8 mm. Die Versuche erfolgten bei Fadengeschwindigkeiten von $v = 100$ m/min und von $v = 1000$ m/min.

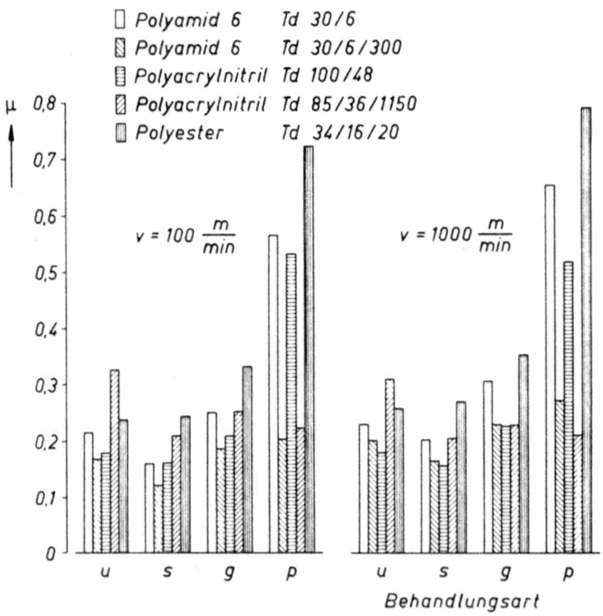

Abb. 22 Reibungskoeffizient μ in Abhängigkeit von der Behandlungsart der Reibkörperoberfläche

u	mattglatter Reibkörper (unbehandelt)	*g*	geschliffener Reibkörper
s	getrommelter Reibkörper (Spezialverfahren)	*p*	polierter Reibkörper
		v	Fadengeschwindigkeit

Wie aus einem Vergleich zwischen den Säulengruppen *u* und *s* hervorgeht, wird durch die Spezialnachbehandlung (Trommeln) eine Abnahme des Reibungskoeffizienten erreicht. Lediglich bei dem ungedrehten Polyester-Faden ist hinsichtlich des Reibungskoeffizienten zwischen dem unbehandelten Reibkörper (*u*) und dem getrommelten Reibkörper (*s*) kein Unterschied zu erkennen.
Werden die Oberflächenspitzen abgeschliffen (Säulengruppe *g*), so nimmt die bei geringen Normalkräften entstehende tatsächliche Berührungsfläche zu. Bei der Verwendung des geschliffenen Reibkörpers ergibt sich infolgedessen für alle ungedrehten Fäden ein größerer Reibungskoeffizient als bei der Verwendung des unbehandelten Reibkörpers. Dagegen kann der Reibungskoeffizient der gedrehten Fäden bei der Verwendung des geschliffenen Reibkörpers sogar geringer sein als bei der Verwendung des unbehandelten Reibkörpers. Ein Beispiel dafür bietet der hochgedrehte Polyacrylnitril-Faden Td 85/36/1150.
Polierte Reibkörper besitzen eine sehr glatte Oberfläche. Die bei sehr kleinen Normalkräften zwischen einem ungedrehten Faden und dem polierten Reibkörper entstehende tatsächliche Berührungsfläche ist mithin viel größer als bei der Verwendung von Reibkörpern mit unbehandelten oder geschliffenen Oberflächen. Infolgedessen ist auch der Reibungskoeffizient erheblich größer. Er steigt gegenüber dem unbehandelten Reibkörper auf den zwei- bis dreifachen Betrag an. Diese Ergebnisse stehen im Einklang mit den Resultaten anderer Autoren [20, 22, 23]. Gedrehte Fäden verhalten sich dagegen in Verbindung mit dem polierten Reibkörper anders. Bei dem gedrehten Polyamid 6-Faden ist hinsichtlich des Reibungskoeffizienten kein nennenswerter Unterschied zwischen dem unbehandelten und dem polierten Reibkörper festzustellen. Der hochgedrehte Polyacrylnitril-Faden Td 85/36/1150 weist bei der Verwendung des polierten Reibkörpers sogar einen erheblich geringeren Reibungskoeffizienten auf als bei der Verwendung des unbehandelten Reibkörpers. Eine Änderung der Fadengeschwindigkeit ist ohne Einfluß auf die besprochenen Tendenzen.
Als Leitorgane für ungedrehte Fäden sind geschliffene und polierte Reibkörper wegen ihres hohen Reibungskoeffizienten ungeeignet. Bei gedrehten Fäden verursacht das zusätzliche Schleifen oder Polieren teilweise eine Zunahme, teilweise eine Abnahme des Reibungskoeffizienten. Die infolge der Spezialnachbehandlung (Trommeln) erzielte Verringerung des Reibungskoeffizienten kann sich dagegen dann, wenn große Fadenumlenkungen erforderlich sind, vorteilhaft auswirken.

3.2.1.7 Der Reibungskoeffizient in Abhängigkeit von der Art des Fadenmaterials und von der Fadendrehung

Die Reibungsuntersuchungen erfolgten an multifilen Fäden aus Polyamid 6, Polyacrylnitril und Polyester. Mit zunehmendem Titer wächst gleichzeitig die Anzahl der Elementarfäden. Außerdem ändert sich häufig auch der Elementarfadentiter. In den Abb. 23, 24 und 25 sind die Reibungskoeffizienten der untersuchten Fäden als Säulen aufgetragen.
Bei der Verwendung des ***unbehandelten*** Reibkörpers entstehen zwischen den verschiedenen ***ungedrehten*** Fäden eines Materials hinsichtlich des Reibungskoeffizienten keine nennenswerten Unterschiede (Abb. 23a, 24a und 25). Die Reibungskoeffizienten der ungedrehten Polyacrylnitril-Fäden streuen um den Wert $\mu = 0{,}2$; die der ungedrehten Fäden aus Polyamid 6 und Polyester liegen etwas darüber. Lediglich der mattierte Polyester-Faden besitzt einen wesentlich höheren Reibungskoeffizienten als die anderen Fäden. Mit zunehmendem Titer sinkt im allgemeinen der Reibungskoeffizient geringfügig ab.

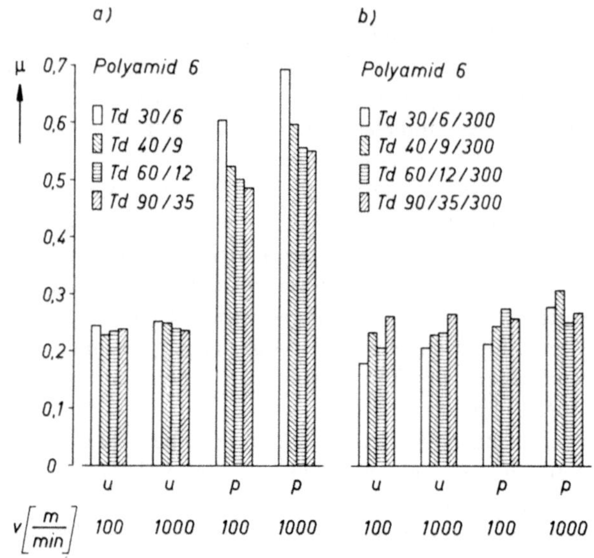

Abb. 23 Reibungskoeffizient μ in Abhängigkeit von der Art des Fadenmaterials und von der Drehung

u unbehandelter Reibkörper a) ungedrehte Fäden
p polierter Reibkörper b) gedrehte Fäden
v Fadengeschwindigkeit

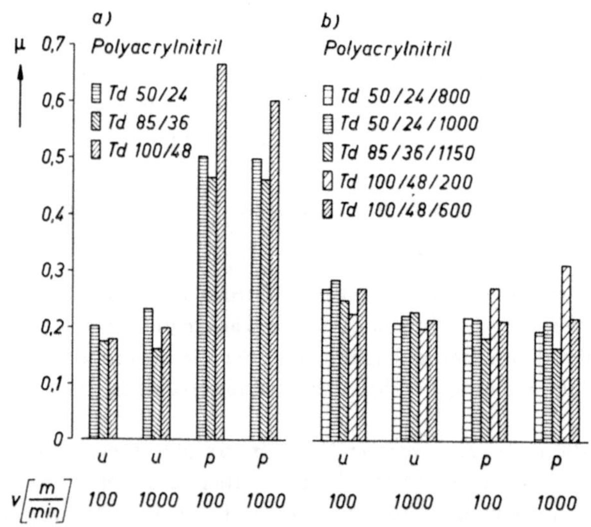

Abb. 24 Reibungskoeffizient μ in Abhängigkeit von der Art des Fadenmaterials und von der Drehung

u unbehandelter Reibkörper a) ungedrehte Fäden
p polierter Reibkörper b) gedrehte Fäden
v Fadengeschwindigkeit

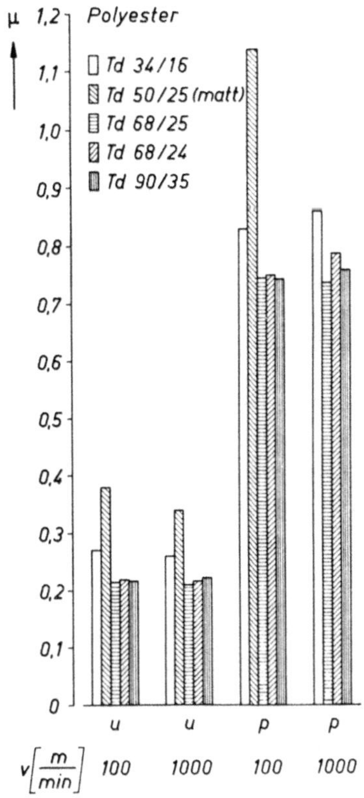

Abb. 25 Reibungskoeffizient μ in Abhängigkeit von der Art des Fadenmaterials
u unbehandelter Reibkörper *v* Fadengeschwindigkeit
p polierter Reibkörper

Bei der Verwendung des *polierten* Reibkörpers ist der Reibungskoeffizient aller *ungedrehten* Fäden beträchtlich größer als bei der Verwendung des unbehandelten Reibkörpers. Zwischen den Fäden des gleichen Materials ergeben sich größere Unterschiede als bei der Verwendung des unbehandelten Reibkörpers. Die Reibungskoeffizienten der ungedrehten Fäden aus Polyamid 6 und Polyacrylnitril streuen zwischen den Werten 0,5 und 0,7; die der ungedrehten Fäden aus Polyester zwischen den Werten 0,7 und 0,9. Der mattierte Polyester-Faden erreicht sogar Werte über 1,1. Esters [22], Baird [23] und Mieszkis [23] sowie Honegger [24] stellen dagegen keine Abhängigkeit oder sogar einen Abfall des Reibungskoeffizienten mit zunehmender Mattierung fest. Vermutlich beruht diese Diskrepanz auf Unterschieden der Mattierungsmittel. Bei der Reibung zwischen den Fäden aus Polyamid 6 bzw. Polyester und dem polierten Reibkörper nimmt der Reibungskoeffizient mit zunehmendem Fadentiter ab. Dagegen steigt der Reibungskoeffizient bei den Fäden aus Polyacrylnitril mit wachsendem Fadentiter an.

Wenn die Elementarfadenanzahl zunimmt, wird die tatsächliche Berührungsfläche größer. Demnach tritt mit steigender Elementarfadenanzahl eine Zunahme des Reibungskoeffizienten ein [18, 22, 23]. Wie es bereits erwähnt wurde, nimmt bei den untersuchten Fäden die Elementarfadenanzahl mit wachsendem Fadentiter zu. Der Reibungskoeffizient müßte daraufhin ansteigen. Die vor dem Reibkörper herrschende Fadenzugkraft F_1 ist jedoch auf den Fadentiter bezogen. Folglich nimmt trotz gleichbleibender bezogener Fadenzugkraft die absolute Fadenzugkraft F_1 mit steigendem

Fadentiter beträchtlich zu. Wie aus dem Kapitel 3.2.1.3 zu ersehen ist, sinkt aber der Reibungskoeffizient bei der Verwendung des polierten Reibkörpers mit zunehmender Fadenzugkraft F_1 stark ab. Bei der Zunahme des Titers überlagern sich demnach zwei Einflüsse. Die steigende Elementarfadenanzahl wirkt reibungsvergrößernd, die steigende Fadenzugkraft F_1 reibungsvermindernd. Meistens überwiegt der zuletzt genannte Einfluß.

Bei der Verwendung des *unbehandelten* Reibkörpers ist der Einfluß der *Drehung* auf den Reibungskoeffizienten gering (Abb. 23a und 23b sowie Abb. 24a und 24b). Gedrehte Polyamid 6-Fäden weisen bei geringem Titer einen etwas kleineren Reibungskoeffizienten auf als ungedrehte Polyamid 6-Fäden. Bei großem Titer ist das Gegenteil der Fall. Innerhalb der gedrehten Fäden aus Polyamid 6 steigt der Reibungskoeffizient mit zunehmendem Titer geringfügig an (Abb. 23b). Die hinsichtlich des Reibungskoeffizienten zwischen den gedrehten Polyamid 6-Fäden bestehenden Unterschiede sind größer als zwischen den ungedrehten Polyamid 6-Fäden.

Die gedrehten Fäden aus Polyacrylnitril ergeben in Verbindung mit dem unbehandelten Reibkörper einen etwas höheren Reibungskoeffizienten als die ungedrehten Fäden (Abb. 24). Eine höhere Drehung hat einen größeren Reibungskoeffizienten zur Folge. Zwischen den verschiedenen gedrehten Polyacrylnitril-Fäden ergibt sich in Abhängigkeit vom Titer keine einheitliche Tendenz.

Bei der Verwendung des *polierten* Reibkörpers verursacht die *Drehung* einen erheblichen Abfall des Reibungskoeffizienten (Abb. 23a und 23b sowie Abb. 24a und 24b). Zu dem gleichen Ergebnis kamen auch ESTERS [22] und HONEGGER [24], die bei der Verwendung glatter Reibkörper mit zunehmender Fadendrehung einen zunächst steilen, später aber nur noch geringen Abfall des Reibungskoeffizienten feststellten.

Bei den gedrehten Fäden besteht hinsichtlich des Reibungskoeffizienten zwischen den unbehandelten und den polierten Reibkörpern kein großer Unterschied. Die gedrehten Polyamid 6-Fäden ergeben in Verbindung mit dem polierten Reibkörper etwas größere Reibungskoeffizienten als in Verbindung mit dem unbehandelten Reibkörper. Dagegen liegen die Reibungskoeffizienten der gedrehten Polyacrylnitril-Fäden mit Ausnahme des wenig gedrehten Fadens Td 100/48/200 bei der Verwendung des polierten Reibkörpers geringfügig unterhalb der bei der Verwendung des unbehandelten Reibkörpers erhaltenen Werte. Eine Erhöhung der Drehung von 200 T/m auf 600 T/m bewirkt auch bei dem Faden eine Verringerung des Reibungskoeffizienten. Die Fadengeschwindigkeit hat keinen Einfluß auf die beschriebenen Tendenzen.

Wie aus den Ergebnissen dieses Kapitels hervorgeht, sind polierte Reibkörper als Leitorgane für alle ungedrehten Fäden ungeeignet. Da auch bei gedrehten Fäden durch die Verwendung polierter Reibkörper allgemein keine Verringerung des Reibungskoeffizienten zu erreichen ist, andererseits die Kosten der Leitorgane durch zusätzliche Bearbeitungsverfahren steigen, sollte der Einsatz derartiger Reibkörper auf wenige Spezialgebiete beschränkt bleiben. Ein solches Spezialgebiet stellen beispielsweise die Streckstifte der Streckzwirnmaschinen dar, weil in diesem Fall ein hoher Reibungskoeffizient erwünscht ist.

3.2.1.8 Der Einfluß der Präparation auf den Reibungskoeffizienten

Um die »Schmierwirkung« der Präparation nachzuweisen, wurden Reibungsmessungen an einem präparierten und an einem unpräparierten Polyamid 6-Faden Td 30/6 durchgeführt. Beide Fäden entstammen der gleichen Partie. Sie gehören jedoch einer anderen Partie an als die bislang besprochenen Fäden aus Polyamid 6 Td 30/6. Um das nicht präparierte Polyamid 6 verstrecken zu können, wurde vollentsalztes Wasser verwendet. Wie aus der Abb. 26 hervorgeht, ergeben sich bei dem unpräparierten Polyamid 6-

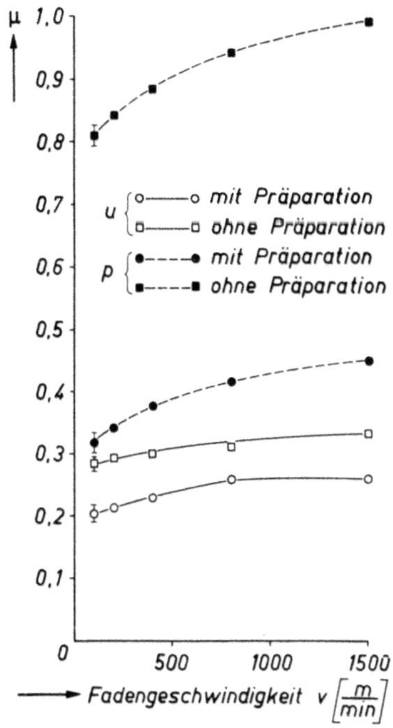

Abb. 26 Einfluß der Spinnpräparation auf den Verlauf des Reibungskoeffizienten μ in Abhängigkeit von der Fadengeschwindigkeit v
u unbehandelter Reibkörper *p* polierter Reibkörper

Tab. 1

Reibkörper	Durchmesser [mm]	Oberflächenbehandlung Kurzzeichen	Firmenbezeichnung
Degussit DD 57	7,5	*u*	mattglatt
	6	*s*	getrommelt
	5	*g*	geschliffen
	6	*p*	hochglanzpoliert
Sintox	3,2	*u*	ground finish
	4,7	*s*	velvet finish
	5	*g*	ground and polished finish
	4,75	*p*	highly polished finish
Tital 10	5	*s*	satiniert
	5	*g*	glänzend geschliffen
	5	*p*	diamantgeschliffen
SPK-Oxidkeramik	7	*u*	natürlich
	4,5	*g*	geschliffen
	5	*p*	geschliffen und poliert

Faden sowohl in Verbindung mit dem unbehandelten als auch in Verbindung mit dem polierten Reibkörper höhere Reibungskoeffizienten als bei dem präparierten Polyamid 6-Faden. Besonders groß ist die Differenz zwischen den beiden Werten, wenn der polierte Reibkörper verwendet wurde. Die Präparation wirkt als »Schmiermittel«. Der Anstieg des Reibungskoeffizienten mit zunehmender Fadengeschwindigkeit hat für beide Fäden einen ähnlichen Verlauf. Demnach wird das Geschwindigkeitsverhalten durch die Präparation nicht geändert. Es ist jedoch zu berücksichtigen, daß auch bei dem unpräparierten Faden keine reine Festkörperreibung stattfindet. Andere Autoren [18, 21, 22, 24, 33] kommen zu ähnlichen Ergebnissen. Die quantitativen Unterschiede zwischen den verschiedenen Ergebnissen schwanken jedoch.

3.2.1.9 Vergleich von Sinterkeramikreibkörpern unterschiedlicher Herkunft hinsichtlich ihres Reibungskoeffizienten

Es ist von Interesse zu wissen, ob sich die verschiedenen Sinterkeramikprodukte hinsichtlich ihres Reibungskoeffizienten wesentlich voneinander unterscheiden. Aus diesem Grunde wurden Reibungsmessungen an Reibkörpern einiger bekannter Hersteller von unterschiedlicher Oberflächenbeschaffenheit durchgeführt. Für einen Vergleich der verschiedenen Produkte war es erforderlich, die Reibkörper nach ihrer Oberflächenbehandlung zu klassifizieren. Diese Einteilung erfolgte in unbehandelte (*u*), nach einem Spezialverfahren nachbehandelte (*s*), geschliffene (*g*) und polierte (*p*) Reibkörper. Es muß jedoch unterstellt werden, daß die Behandlungsverfahren innerhalb einer Gruppe nicht immer miteinander übereinstimmen. Aus der Tab. 1 gehen die Kurzbezeichnung sowie die von den Firmen gewählte Bezeichnung für die Oberflächenbehandlung hervor. Bis auf die unbehandelten Reibkörper aus Degussit DD 57, Sintox und SPK-Oxidkeramik besitzen alle Reibkörper einen annähernd gleichen Durchmesser. Da der Reibungskoeffizient im allgemeinen mit wachsendem Durchmesser geringfügig zunimmt, sind bei einem Vergleich zwischen den Reibkörpern kleine Korrekturen erforderlich. In der Abb. 27 ist der Reibungskoeffizient μ für die verschiedenen Reibkörper über der Behandlungsart der Oberfläche aufgetragen. Als Versuchsmaterial

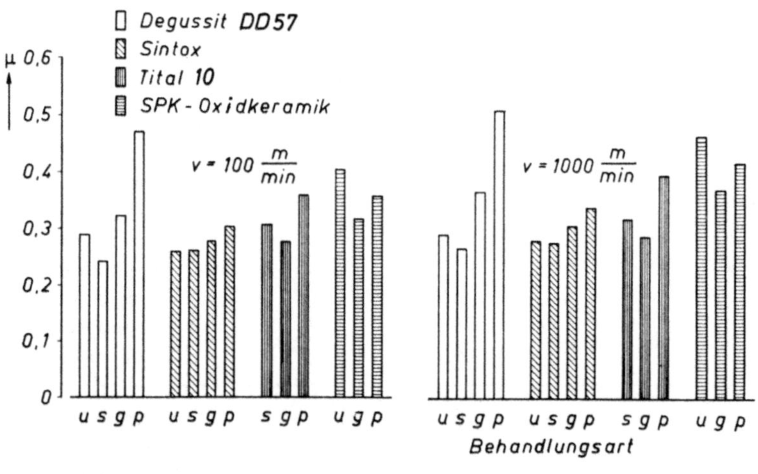

Abb. 27 Reibungskoeffizient μ in Abhängigkeit von der Herkunft der Reibkörper und von der Behandlungsart ihrer Oberfläche (Polyamid 6 Td 60/12)

u unbehandelter Reibkörper *p* polierter Reibkörper
s spezialnachbehandelter Reibkörper *v* Fadengeschwindigkeit
g geschliffener Reibkörper

diente ein Polyamid 6-Faden Td 60/12. Wie aus der Abb. 27 hervorgeht, besteht bei allen Sinterkeramikprodukten die Möglichkeit, durch entsprechende Oberflächenbehandlungen den Reibungskoeffizienten zu ändern. Wie aus der Abb. 27 weiter zu ersehen ist, läßt sich der Reibungskoeffizient des ungedrehten Polyamid 6-Fadens durch die geeignete Wahl des Reibkörpers in relativ kleinen Stufen zwischen $\mu \approx 0{,}25$ und $\mu \approx 0{,}5$ verändern.

3.2.2 Die Reibung endloser synthetischer Fäden an Reibkörpern aus Glas

Obgleich Reibkörper aus Glas bei der Verarbeitung endloser synthetischer Fäden heute nicht mehr verwendet werden, wurden einige Vergleichsversuche mit Glasreibkörpern durchgeführt. Das Glas ist durch eine große Oberflächenglätte gekennzeichnet. Infolgedessen ist der Anteil der Adhäsion an der Reibung besonders groß. Wie aus der Abb. 28 hervorgeht, ergibt sich auf Grund der Adhäsionskraft in Verbindung mit einem ungedrehten Polyamid 6-Faden ein relativ großer Reibungskoeffizient. Mit zunehmender Fadengeschwindigkeit und mit wachsendem Durchmesser steigt der Reibungskoeffizient an. Bereits bei relativ niedrigen Fadengeschwindigkeiten lagern sich auf der Reibkörperoberfläche die schon erwähnten festen Substanzen aus der Präparation ab, die in kurzer Zeit zum Fadenbruch führen. Mit zunehmendem Durchmesser beginnt die Ablagerung fester Substanzen bei geringeren Geschwindigkeiten. Wird der Durchmesser sehr groß gewählt, sind Reibungsmessungen selbst bei geringen Fadengeschwindigkeiten nicht mehr möglich.

Der gedrehte Polyamid 6-Faden ergibt bei kleinen Fadengeschwindigkeiten einen relativ niedrigen Reibungskoeffizienten. Bei einer Zunahme der Fadengeschwindigkeit bleibt der Reibungskoeffizient anfänglich konstant. Später lagern sich auch bei dem gedrehten Faden feste Substanzen aus der Präparation ab. Der Reibungskoeffizient steigt danach beträchtlich an, bis schließlich der Fadenbruch eintritt. Die Ablagerung

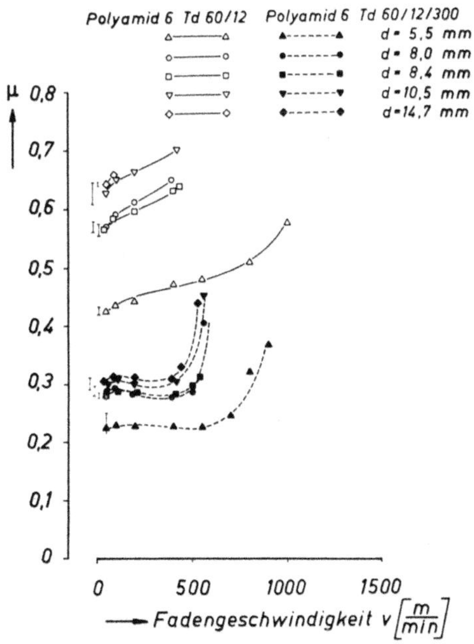

Abb. 28 Reibungskoeffizient μ in Abhängigkeit von der Fadengeschwindigkeit v und vom Reibkörperdurchmesser d (Glaszylinder)

der festen Substanzen führt allerdings bei dem gedrehten Faden wesentlich langsamer zum Fadenbruch als bei dem ungedrehten Faden. Auch der Reibungskoeffizient des gedrehten Fadens steigt mit wachsendem Reibkörperdurchmesser an.

3.2.3 Die Reibung endloser synthetischer Fäden an Reibkörpern aus Stahl

Zum Vergleich wurden auch Reibungsmessungen an zylindrischen Stahlreibkörpern durchgeführt. Als Reibkörper fanden die bereits von WEGENER [14] und SCHULER [14] benutzten Stahlzylinder mit unterschiedlicher Oberflächenbeschaffenheit Verwendung. Die Oberflächen der Reibkörper 1 bis 4 wiesen mittlere Rauhtiefen von $1{,}61 \cdot 10^{-6}$ m, $2{,}76 \cdot 10^{-6}$ m, $9 \cdot 10^{-6}$ m und $12{,}38 \cdot 10^{-6}$ m auf. Der Reibkörperdurchmesser betrug 100 mm. Als Versuchsmaterial diente ein Polyamid 6-Faden Td 60/12. Trotz dieser relativ großen Rauhigkeitsunterschiede ist die Differenz der Reibungskoeffizienten zwischen den vier Reibkörpern relativ gering (Abb. 29). Mit zunehmender Rauhigkeit steigt der Reibungskoeffizient geringfügig, statistisch jedoch nicht gesichert, an. Auch mit steigender Fadengeschwindigkeit ist eine geringfügige Zunahme des Reibungskoeffizienten festzustellen. Diese Tendenzen stimmen mit den von WEGENER [14] und SCHULER [14] an gesponnenen Garnen und an Reyon festgestellten Tendenzen überein. Im Vergleich zu den Sinterkeramikreibkörpern ist die Rauhigkeit der Stahlreibkörper relativ groß. Die Adhäsion spielt deshalb nur eine untergeordnete Rolle. Sobald eine bestimmte Rauhigkeit überschritten ist, steigt demnach auch bei endlosen synthetischen Fäden der Reibungskoeffizient mit zunehmender Rauhtiefe wieder geringfügig an.

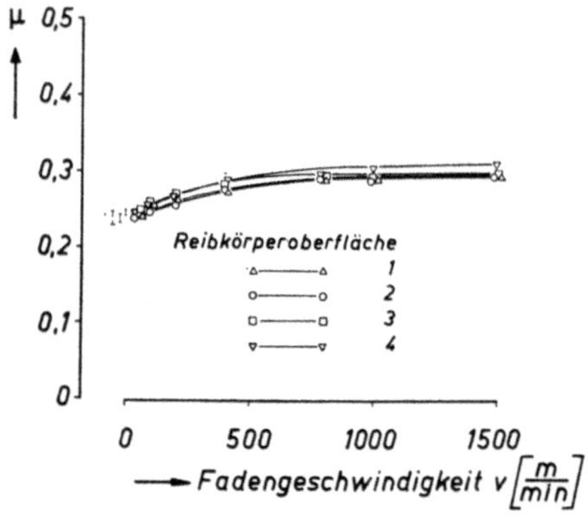

Abb. 29 Reibungskoeffizient μ in Abhängigkeit von der Fadengeschwindigkeit v und von der Oberflächenbeschaffenheit (Stahlzylinder)
mittlere Rauhtiefe [14]
1 $1{,}61 \cdot 10^{-6}$ m
2 $2{,}76 \cdot 10^{-6}$ m
3 $9 \cdot 10^{-6}$ m
4 $12{,}38 \cdot 10^{-6}$ m

4. Die Auswirkung der Reibung auf die während des Spulens und während des Falschdrahtzwirnens herrschenden Fadenzugkräfte

4.1 Allgemeines

Nachdem im Labor unter kontrollierten Bedingungen der Reibungskoeffizient in Abhängigkeit von den für die Praxis bedeutungsvollsten Einflußgrößen ermittelt wurde, soll im weiteren Verlauf der Arbeit die Auswirkung der Reibung auf die während des Spulprozesses und während des Falschdrahtprozesses herrschenden Fadenzugkräfte untersucht werden. Da die Fäden aus Polyamid 6 gegen Überdehnungen besonders empfindlich sind, war es sinnvoll, die Untersuchungen gerade für dieses Material durchzuführen. Für die Fadenzugkraftmessungen fand der elektronische Fadenspannungsmesser Tensotron der Firma Honigmann, Wuppertal, Verwendung [36]. Als Registriergerät diente der Schnellschreiber Helcoscriptor He-1 der Firma Hellige & Co. Die Eichung der Meßköpfe erfolgte in der bereits bei den Reibungsmessungen beschriebenen Weise.

4.2 Die während des Spulens auftretenden Fadenzugkräfte

Das Spulen dient der Umlagerung des Fadenmaterials auf eine für die Weiterverarbeitung geeignetere Aufmachungseinheit. Endlose synthetische Fäden werden im allgemeinen auf Präzisionskreuzspulmaschinen umgespult. Im Hinblick auf eventuelle Überdehnungen soll die Aufwindefadenzugkraft nach Möglichkeit gering sein und keine großen Schwankungen aufweisen. Um zu verhindern, daß die Fäden auf dem Spulenkörper abrutschen, ist andererseits eine bestimmte Mindestaufwindefadenzugkraft erforderlich. Diese ist desto geringer, je größer der Reibungskoeffizient ist.

4.2.1 Die Versuchsmaschine und die Versuchsdurchführung

Für die Untersuchungen stand eine Präzisionskreuzspulmaschine zur Verfügung, die im grundsätzlichen Aufbau den für frühere Versuche benutzten Maschinen gleicht [37, 38]. Als Neuerung besitzt sie eine Drehzahlsteuerung und ein auf Reibungsbasis arbeitendes Vorlieferwerk [52]. Außerdem ist sie mit einer verbesserten mechanisch wirkenden Gitterbremse ausgestattet. Die Drehzahlsteuerung besteht in einer Kombination der beiden Arbeitsweisen: konstante Spindeldrehzahl – konstante Fadengeschwindigkeit. Der Übergang zwischen den beiden Arbeitsweisen ist vorwählbar. Das Vorlieferwerk besteht aus zwei Walzen, deren Umfangsgeschwindigkeit stets größer als die Fadengeschwindigkeit ist. Wenn der Faden diese Walzen umschlingt, wird er infolge der Reibung mitgenommen. Auf diese Weise läßt sich die Fadenzugkraft verringern. Die Gitterbremse ist in der Abb. 30 dargestellt. Der von der Vorlagespule kommende Faden FA gelangt über den Fadenführer FF in die Fadenbremse. Auf die beiden Grundplatten GP_1 und GP_2 der Gitter sind die Gitterstäbchen GS aufgeschraubt. Diese bestehen aus Degussit mit mattglatter Oberfläche. Die Welle WE des beweglichen Gitters ist im Lager LA_3 drehbar gelagert. Das Gewicht G wird über den Hebel HE_1 und über die Koppel KO auf den Hebel HE_2 übertragen. Dieser übt auf die Welle WE ein Drehmoment aus. Bevor die Rolle RO mit dem Belastungshebel BH auf den Hebel HE_1 aufgesetzt wird, ist dieser mittels des Ausgleichsgewichtes AG ins Gleichgewicht zu bringen. Das Gestänge GE ist mit der Fadenführerschale gekoppelt.

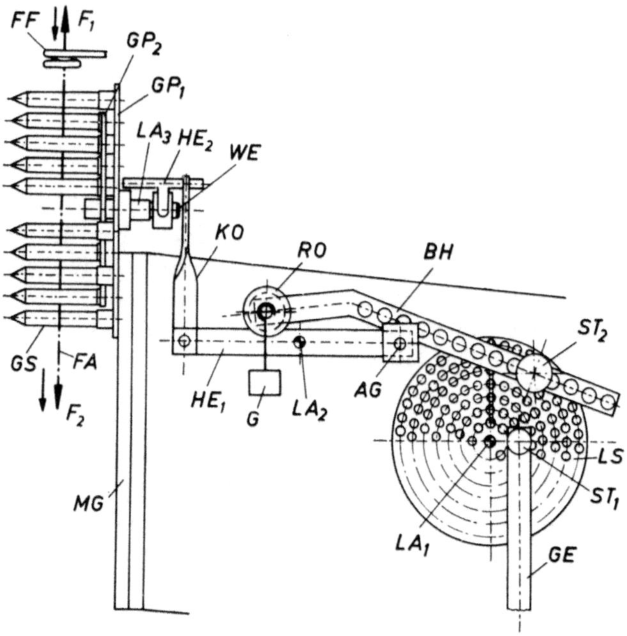

Abb. 30 Mechanische Gitterbremse

FA	Faden	*LS*	Lochscheibe
FF	Fadenführer	*BH*	Belastungshebel
GP_1, GP_2	Grundplatten der Gitter	*RO*	Rolle
GS	Gitterstäbchen	*KO*	Koppel
WE	Welle	HE_1, HE_2	Hebel
MG	Maschinengestell	*AG*	Ausgleichsgewicht
GE	Gestänge	*G*	Belastungsgewicht
LA_1–LA_3	Lager	F_1	Eingangsfadenzugkraft
ST_1, ST_2	Stifte	F_2	Ausgangsfadenzugkraft

Mit zunehmendem Spulendurchmesser bewegt sich das Gestänge, von der Fadenführerschale gesteuert, nach unten. Daraufhin dreht sich die Lochscheibe *LS* im Uhrzeigersinn um und zieht den Belastungshebel *BH* nach rechts. Der Abstand zwischen der Rolle *RO* und dem Lager LA_2 verkleinert sich; das Drehmoment der Welle *WE* nimmt ab. Durch das Umstecken der Stifte ST_1 und ST_2 läßt sich die Belastungsabnahme des beweglichen Gitters mit wachsendem Spulendurchmesser progressiv, linear oder degressiv gestalten. Außerdem kann damit der maximale Weg der Rolle *RO* eingestellt werden. Auf diese Weise wird die Höhe des Belastungsabfalls festgelegt.
Es war erforderlich, die Fadenzugkraft an mehreren Stellen des Fadenlaufes zu messen. Um eine gegenseitige Beeinflussung der Meßköpfe zu vermeiden, erfolgten die Messungen stets nacheinander. Die Bezeichnungen der an verschiedenen Stellen des Fadenlaufes gemessenen Fadenzugkräfte gehen aus der Abb. 31 hervor. Außer der Gitterbremse und dem Vorlieferwerk ist zusätzlich in der Abb. 31 eine Filzdämpfvorrichtung eingezeichnet, auf die jedoch erst später eingegangen wird. Die nach dem Fadenführer FF_1 gemessene Fadenzugkraft ist mit F_A (Ablauffadenzugkraft) bezeichnet; die nach dem Vorlieferwerk herrschende geringere Fadenzugkraft erhält die Bezeichnung F_0. Wenn die Filzdämpfvorrichtung wegfällt, ist die Fadenzugkraft F_0 mit der Eingangsfadenzugkraft F_1 der Gitterbremse identisch. Ohne Benutzung des Vorlieferwerkes und der Filzdämpfvorrichtung entspricht die Eingangsfadenzugkraft F_1 der Ablauffadenzugkraft F_A. Die Ausgangsfadenzugkraft ist mit F_2 bezeichnet.

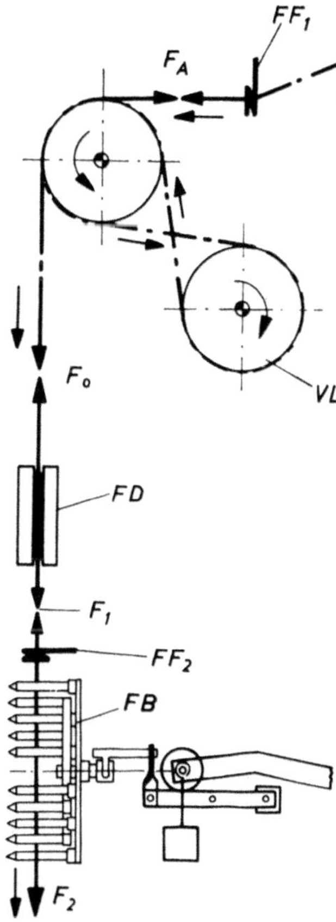

Abb. 31 Bezeichnung der Fadenzugkräfte an den verschiedenen Meßstellen des Fadenlaufes

FA	Faden	F_0	Fadenzugkraft zwischen dem Vorlieferwerk und der Filzdämpfvorrichtung
FF_1, FF_2	Fadenführer		
VL	Vorlieferwerk		
FD	Filzdämpfvorrichtung	F_1	Eingangsfadenzugkraft der Fadenbremse
FB	Fadenbremse		
F_A	Ablauffadenzugkraft	F_2	Ausgangsfadenzugkraft der Fadenbremse

An dieser Stelle sei darauf hingewiesen, daß es infolge der geringen Schreibbreite des verwendeten Schnellschreibers nicht möglich war, für alle Versuche den gleichen Maßstab zu benutzen. Bei einem Vergleich zwischen verschiedenen Abbildungen ist daher stets auf den Maßstab zu achten.
Alle in diesem Kapitel beschriebenen Untersuchungen wurden im Normalklima durchgeführt. Als Versuchsmaterial fanden Polyamid 6-Fäden Td 60/12 Verwendung, die in Streckcopaufmachung mit bikonischer Parallelwicklung vorlagen. Für einige besonders erwähnte Versuche wurden die Polyamid 6-Fäden jedoch vorher auf Pineapple-Spulen umgespult.

4.2.2 Die Ergebnisse der Fadenzugkraftmessungen

4.2.2.1 Der Einfluß der Fadengeschwindigkeit auf den Verlauf der Fadenzugkraft

Es interessiert zunächst zu wissen, wie sich die Eingangs- und die Ausgangsfadenzugkraft der mechanischen Gitterbremse bei einer Zunahme der Fadengeschwindigkeit ändern. Das Vorlieferwerk und die Filzdämpfvorrichtung wurden für diese Versuche nicht verwendet. Die Eingangsfadenzugkraft F_1 ist infolgedessen mit der Ablauffadenzugkraft F_A identisch. Der Faden wurde von einem in bikonischer Parallelwicklung aufgemachten Streckcop abgezogen. Die Messungen erfolgten in Abhängigkeit vom Abwicklungszustand des Streckcop (außen, Mitte, innen). Innerhalb einer Windungsschicht ändert sich bei Streckcops mit bikonischer Parallelwicklung der Durchmesser des Ablaufpunktes nicht. Die Ballonlänge nimmt in Richtung vom

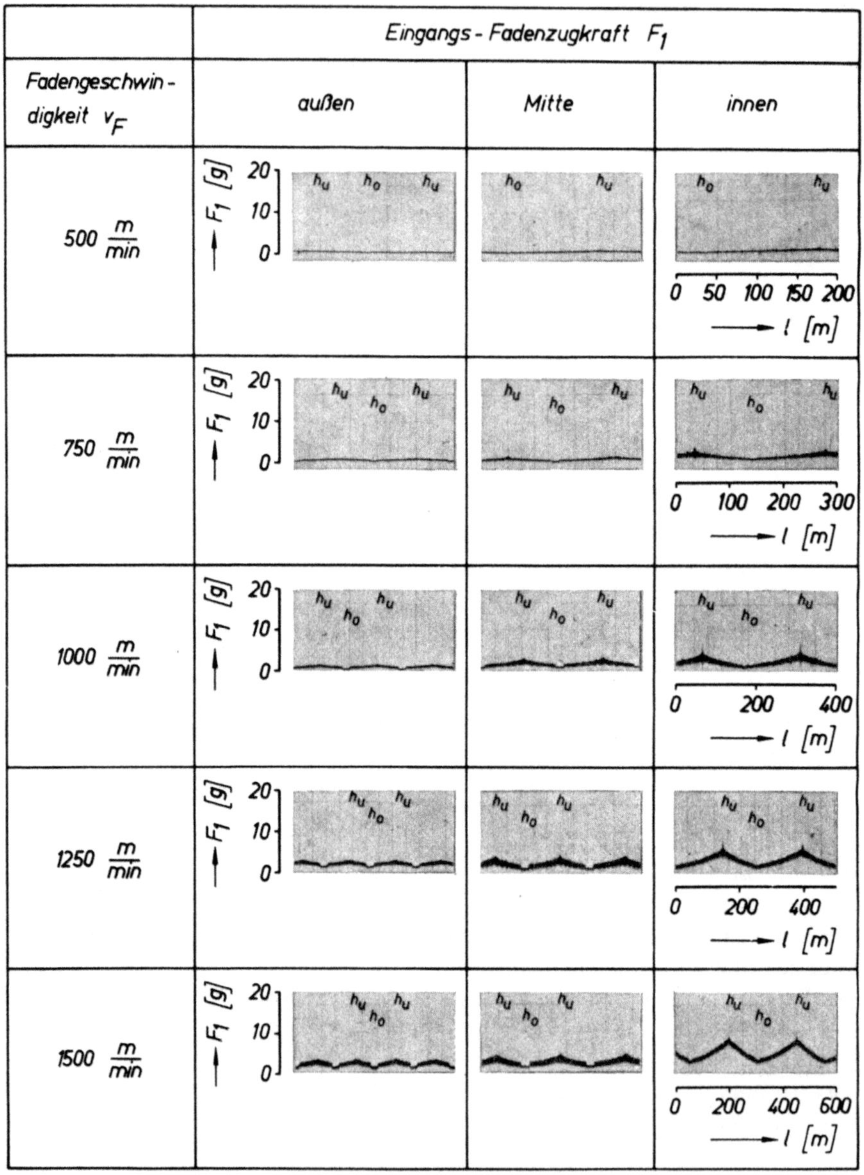

Abb. 32 Verlauf der Eingangsfadenzugkraft F_1 in Abhängigkeit von der Fadengeschwindigkeit v_F und vom Ablaufzustand des vorgelegten Streckcop

l Fadenlänge

h_o, h_u oberer und unterer Umkehrpunkt des Ablaufpunktes auf die Herstellung des Streckcop bezogen (Polyamid 6 Td 60/12, bikonische Parallelwicklung)

oberen Umkehrpunkt (h_o) zum unteren Umkehrpunkt (h_u) zu und in umgekehrter Richtung wieder ab. Die gleiche Tendenz weist auch die Eingangsfadenzugkraft F_1 auf (Abb. 32). Von außen nach innen werden die zwischen den Umkehrpunkten (h_o) und (h_u) auftretenden Fadenzugkraftunterschiede größer. Wird der Faden von einer äußeren oder von einer mittleren Windungsschicht abgezogen, so entsteht in der Nähe des Umkehrpunktes (h_o) ein Doppelballon. Über die Entstehung von Mehrfachballonen berichteten WALZ [39] und GAYLER [39] sowie WORM [40] und ALEKSANDROV [41]. Im Doppelballon ist die Fadenzugkraft geringer als im Einfachballon. Der Übergang zwischen den beiden Ballonformen erfolgt sprunghaft. Dementsprechend ergibt sich auch eine sprunghafte Fadenzugkraftänderung.

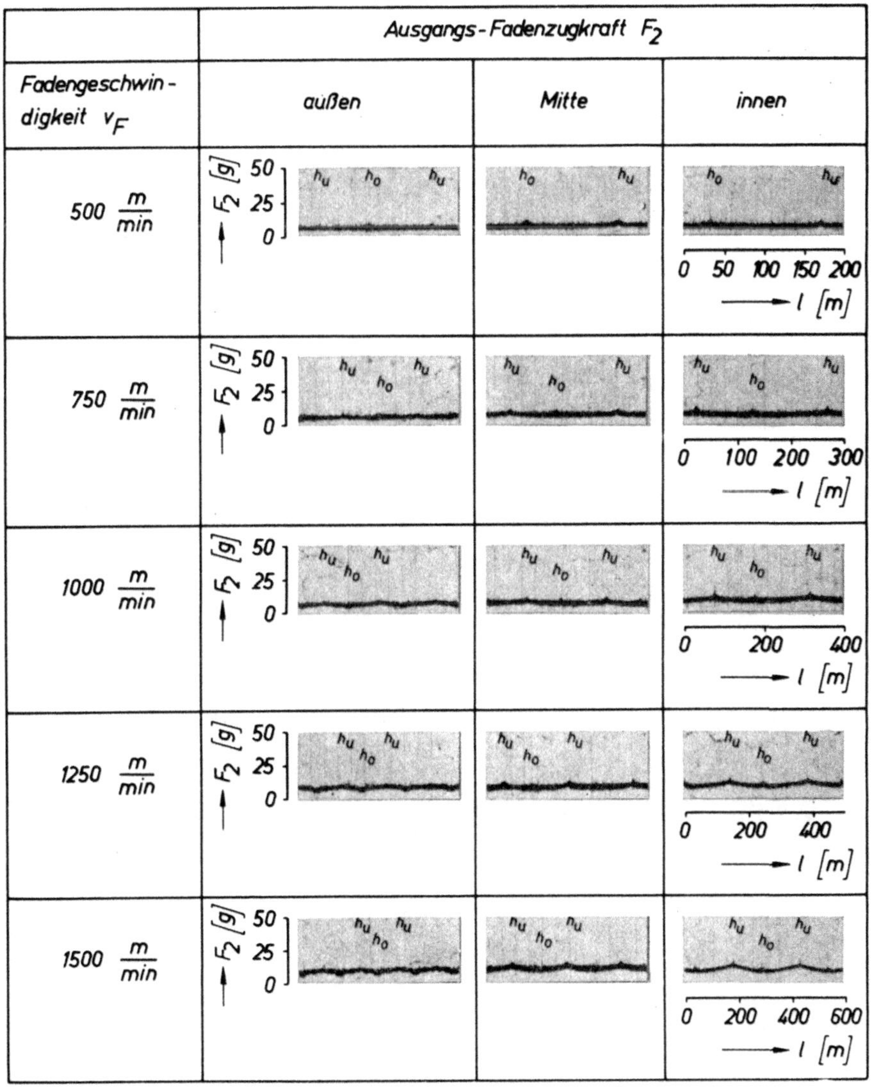

Abb. 33 Verlauf der Ausgangsfadenzugkraft F_2 in Abhängigkeit von der Fadengeschwindigkeit v_F und vom Ablaufzustand des vorgelegten Streckcop (Gitter gewichtsbelastet)
Erläuterungen s. Abb. 32

Mit zunehmender Fadengeschwindigkeit wächst die Ablaufbeschleunigung und mithin die Trägheitskraft. Außerdem vergrößern sich die Zentrifugalkraft, die Corioliskraft und der Luftwiderstand. Wie aus der Abb. 32 zu ersehen ist, ergibt sich aus dem Zusammenspiel dieser Kräfte mit wachsender Fadengeschwindigkeit eine Zunahme der Eingangsfadenzugkraft. Die Fadenzugkraft nimmt mit steigender Fadengeschwindigkeit desto mehr zu, je größer die Ballonlänge (Umkehrpunkt h_u) ist. Wird der Faden mit einer Geschwindigkeit von 1500 m/min abgezogen, so entstehen am unteren Umkehrpunkt des Ablaufpunktes h_u bereits Spitzenwerte der Eingangsfadenzugkraft von 0,15 g/den. Damit ist nach der Meinung verschiedener Autoren [42–45] der maximal zulässige Wert bereits erreicht.

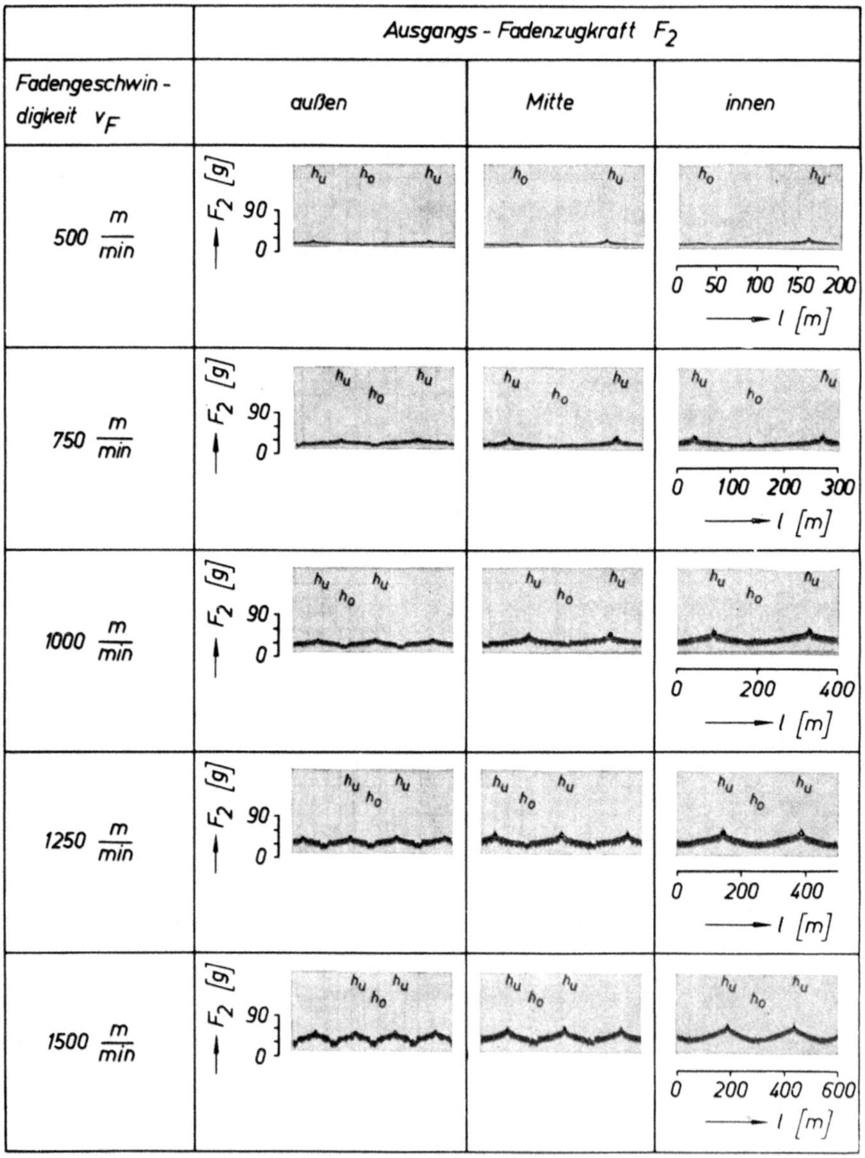

Abb. 34 Verlauf der Ausgangsfadenzugkraft F_2 in Abhängigkeit von der Fadengeschwindigkeit v_F und vom Ablaufzustand des vorgelegten Streckcop (Gitter festgeklemmt) Erläuterungen s. Abb. 32

In der Abb. 33 ist die dazugehörige Ausgangsfadenzugkraft F_2 der gewichtsbelasteten Gitterbremse dargestellt. Die Bremse wurde nur einmal bei einer Fadengeschwindigkeit von 500 m/min auf eine mittlere Grundausgangsfadenzugkraft von 6 g (0,1 g/den) eingestellt. Danach blieb die Bremseneinstellung unverändert. Die Tendenzen der Ausgangsfadenzugkraft entsprechen den Tendenzen der Eingangsfadenzugkraft. Wird der Faden von innen mit einer Geschwindigkeit von 1500 m/min vom Streckcop abgezogen, so erreichen die Spitzen der Ausgangsfadenzugkraft Werte von etwa 0,2 g/den.
Zum Vergleich ist in der Abb. 34 die Ausgangsfadenzugkraft F_2 der Fadenbremse mit festgeklemmtem Gitter (starre Gitterbremse) dargestellt. Das Gitter wurde in derjenigen Stellung festgeklemmt, bei der sich für eine Fadengeschwindigkeit von 500 m/min eine mittlere Grundausgangsfadenzugkraft von 6 g (0,1 g/den) ergab. Danach blieb die Lage des festgeklemmten Gitters unverändert. Die Tendenzen der Ausgangsfadenzugkraft stimmen ebenfalls mit den Tendenzen der Eingangsfadenzugkraft überein. Im Vergleich zur gewichtsbelasteten Gitterbremse ist der Anstieg der Fadenzugkraft mit steigender Fadengeschwindigkeit und mit fortschreitender Abwicklung (außen → innen) beträchtlich größer. Das gleiche gilt auch für die periodischen Fadenzugkraftunterschiede. Wenn der Faden von einer inneren Windungsschicht des Streckcop mit einer Geschwindigkeit von 1500 m/min abgezogen wird, entstehen Spitzenwerte der Ausgangsfadenzugkraft von 60 g (1,0 g/den). Die innerhalb einer Periode maximal vorkommenden Unterschiede betragen etwa 40 g.
Wie aus den Ergebnissen dieses Kapitels hervorgeht, nehmen sowohl der Mittelwert als auch die Schwankungen der Eingangsfadenzugkraft mit steigender Fadengeschwindigkeit beträchtlich zu. Bei weiteren Produktionssteigerungen ist es daher unerläßlich, sowohl die mittlere Fadenzugkraft als auch deren Schwankungen herabzusetzen.

4.2.2.2 Die Fadenzugkraft in Abhängigkeit von der Einstellung des Aufsteckdornes

Das Aufsteckgatter der verwendeten Präzisionskreuzspulmaschine ist so eingerichtet, daß der Abstand *a* zwischen der Hülsenspitze und dem Fadenführer geändert werden kann (Abb. 35a). Bei der Änderung des Abstandes *a* ist der Aufsteckdorn stets von neuem auf die Mitte des Fadenführers auszurichten. Dabei können Einstellfehler vorkommen. Um den Einfluß dieser Einstellfehler auf den Fadenzugkraftverlauf zu ermitteln, wurde die Abweichung *b* der Hülsenspitze von der Verbindungsgeraden zwischen dem Drehpunkt des Aufsteckdornes und dem Fadenführer variiert (Abb. 35b).
In der Abb. 36 ist die Ausgangsfadenzugkraft der gewichtsbelasteten Gitterbremse in Abhängigkeit von dem Abstand *a* dargestellt. Die Abweichung *b* betrug in diesem Fall Null (Abb. 35a). Es wurde mit einer Fadengeschwindigkeit von 1000 m/min gespult und stets eine mittlere Grundausgangsfadenzugkraft von 6 g eingestellt. Wenn der Faden von einer äußeren Windungsschicht abgezogen wird, ändert sich der Fadenzugkraftverlauf mit zunehmendem Abstand *a* nur geringfügig. Mit zunehmendem Abstand *a* werden die periodischen Änderungen der Ausgangsfadenzugkraft etwas größer. Wird der Faden dagegen von einer inneren Windungsschicht abgezogen, so ist der Einfluß des Abstandes *a* auf den Fadenzugkraftverlauf beträchtlich. Der gleichmäßigste Fadenzugkraftverlauf ergibt sich bei Abständen *a* zwischen 50 mm und 100 mm. Wird der Abstand *a* größer als 150 mm gewählt, so bildet sich in der Nähe des Umkehrpunktes h_0 (kleine Ballonlänge) ein Doppelballon. Bei einem Abstand von $a = 300$ mm bilden sich sogar mit zunehmender Ballonlänge nacheinander ein einfacher, ein zweifacher und ein dreifacher Ballon. WALZ [39] und GAYLER [39] untersuchten die Entstehung des Mehrfachballons beim Abzug von Ringspinncops und stellten ebenfalls mit größer werdender Entfernung des Cop vom Fadenführer eine Zunahme der Ballonanzahl fest. Zu dem gleichen Ergebnis kommt auch ALEKSANDROV [41]. Die Übergänge

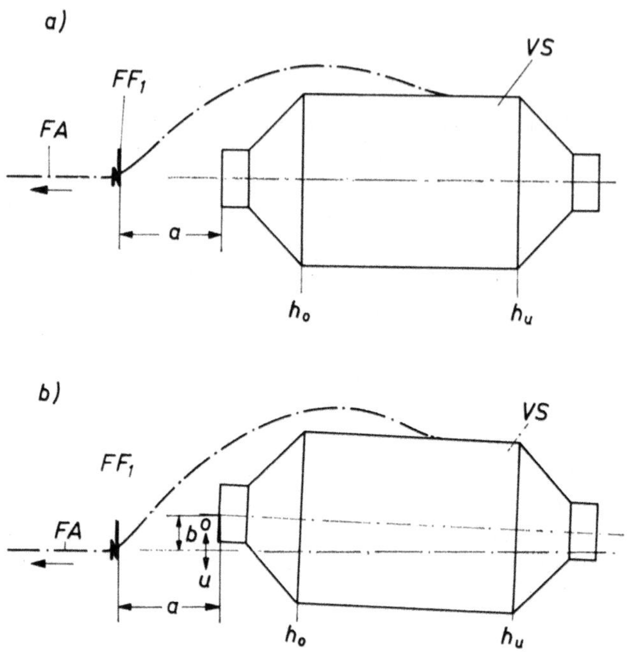

Abb. 35 Die Definition des Abstandes *a* (Hülsenspitze–Fadenführer) und der Abweichung *b* (Hülsenspitze–Verbindungsgerade: Drehpunkt des Aufsteckdornes–Fadenführer)
a) Darstellung des Abstandes *a* für den Fall $b = 0$
b) Darstellung des Abstandes *a* und der Abweichung *b*
↑ *o* Abweichung nach oben ↓ *u* Abweichung nach unten
FA Faden
VS Vorlagespule
FF_1 Fadenführer
Weitere Erläuterungen s. Abb. 32

zwischen den Ballonformen erfolgen sprunghaft. Infolgedessen ist auch der Fadenzugkraftverlauf mit sprunghaften Unterschieden behaftet. Ein zu großer Abstand *a* ist aus diesem Grunde nicht zu empfehlen.

Wie es bereits erwähnt wurde, muß der Aufsteckdorn nach erfolgter Änderung des Abstandes *a* neu auf die Mitte des Fadenführers ausgerichtet werden. Das Ausrichten geschieht nach Augenmaß. Kleinere Abweichungen *b* sind infolgedessen unvermeidlich (Abb. 35b). Welchen Einfluß hat nun die Abweichung *b* auf den Fadenzugkraftverlauf? In der Abb. 37 ist der Verlauf der Ausgangsfadenzugkraft in Abhängigkeit vom Abstand *a* und von der Abweichung *b* nach oben und nach unten dargestellt. Die Fadengeschwindigkeit betrug 1000 m/min. Wie es aus der Abb. 37 zu ersehen ist, verursacht jede Abweichung *b* Störungen des Fadenzugkraftverlaufes. Die Ursache für diese Störungen ist die unterschiedliche Reibung des Fadens am Garnkörper. An derjenigen Seite, zu der die Hülsenspitze abweicht, ist die Reibung stets größer als an der entgegengesetzten Seite. Am unteren Umkehrpunkt des Ablaufpunktes entstehen besonders große kurzzeitige Fadenzugkraftschwankungen. Beim Abzug von einer äußeren Windungsschicht sind die Störungen des Fadenzugkraftverlaufes geringer als beim Abzug von einer inneren Windungsschicht. Die Störungen nehmen außerdem mit wachsendem Abstand *a* ab. Im Fall des Abzuges von innen ergeben sich bei dem geringen Abstand $a = 20$ mm und der Abweichung $b = 5$ mm bereits erhebliche Störungen des Fadenzugkraftverlaufes. Wird der Abstand *a* dagegen auf 300 mm ver-

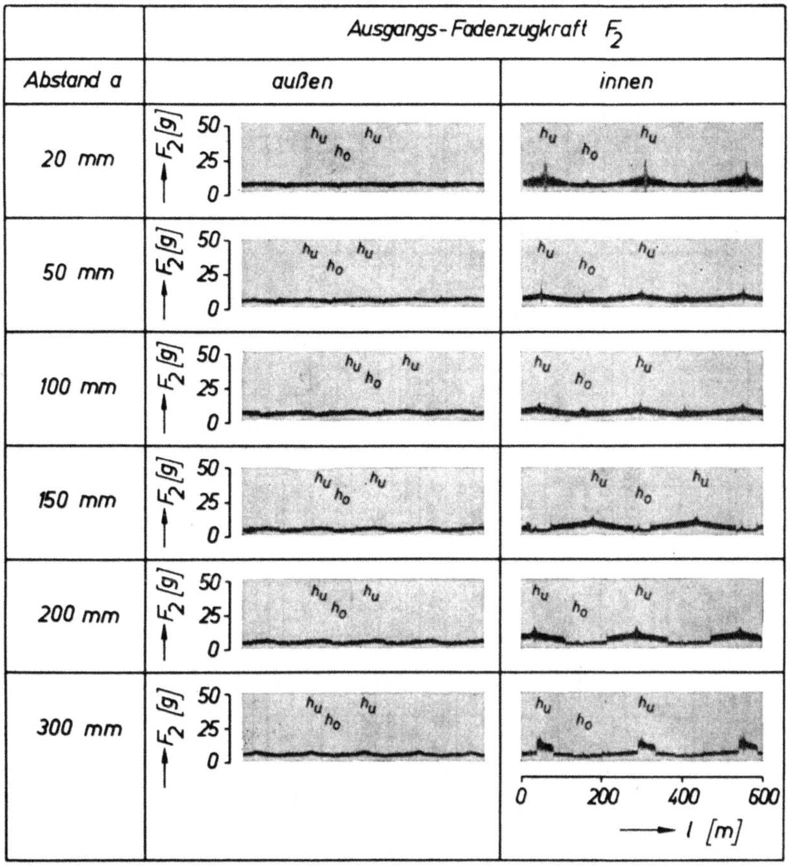

Abb. 36 Verlauf der Ausgangsfadenzugkraft F_2 in Abhängigkeit vom Abstand a und vom Ablaufzustand des vorgelegten Streckcop ($v_F = 1000$ m/min)
Erläuterungen s. Abb. 32 und Abb. 35

größert, sind die Störungen noch bei einer Abweichung von $b = 20$ mm geringer als zuvor bei 5 mm.

Auf Grund der Ergebnisse dieses Kapitels wurde für alle späteren Versuche ein Abstand von $a = 50$ mm gewählt. Mittels einer zusätzlichen Einstellvorrichtung gelang es außerdem, die Abweichung b vernachlässigbar klein zu halten.

4.2.2.3 Der Einfluß des am Vorlieferwerk auftretenden Umschlingungswinkels auf den Fadenzugkraftverlauf

Die Wirkung des Vorlieferwerkes hängt von dem Winkel ab, mit dem der Faden die Walzen umschlingt. Außerdem sind die an den Fadenführern FF_1 und FF_2 auftretenden Umschlingungswinkel α_1 und α_2 von Einfluß (Abb. 38). Aus der Abb. 38 sind fünf Möglichkeiten der Fadenführung zu ersehen. Aus den Fig. a, b und c der Abb. 38 ist zu erkennen, daß der am Fadenführer FF_1 auftretende Umschlingungswinkel α_1 gleich Null ist. Folglich läuft der Faden mit der kleinstmöglichen Ablauffadenzugkraft F_A in das Lieferwerk ein. Aus den Fig. a und c der Abb. 38 ist außerdem zu ersehen, daß der Umschlingungswinkel α_2 am Fadenführer FF_2 gleich Null ist. Dagegen ergibt sich aus der Fig. b der Abb. 38 ein Umschlingungswinkel von $\alpha_2 = 76°$. Nach den Fig. d und e der Abb. 38 findet am Fadenführer FF_1 eine starke Fadenumlenkung statt. Der

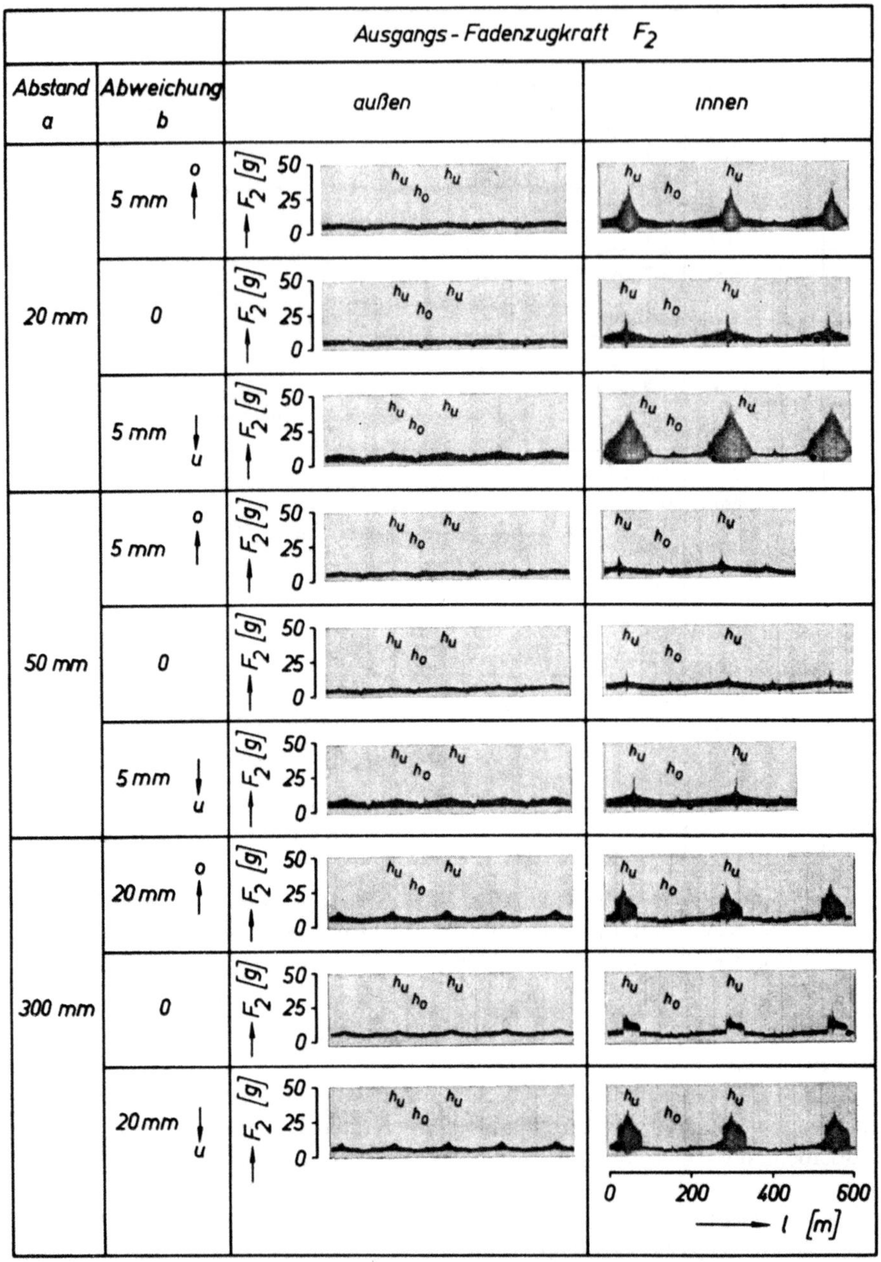

Abb. 37 Verlauf der Ausgangsfadenzugkraft F_2 in Abhängigkeit vom Abstand *a* und von der Abweichung *b* (v_F = 1000 m/min)
Erläuterungen s. Abb. 32 und Abb. 35

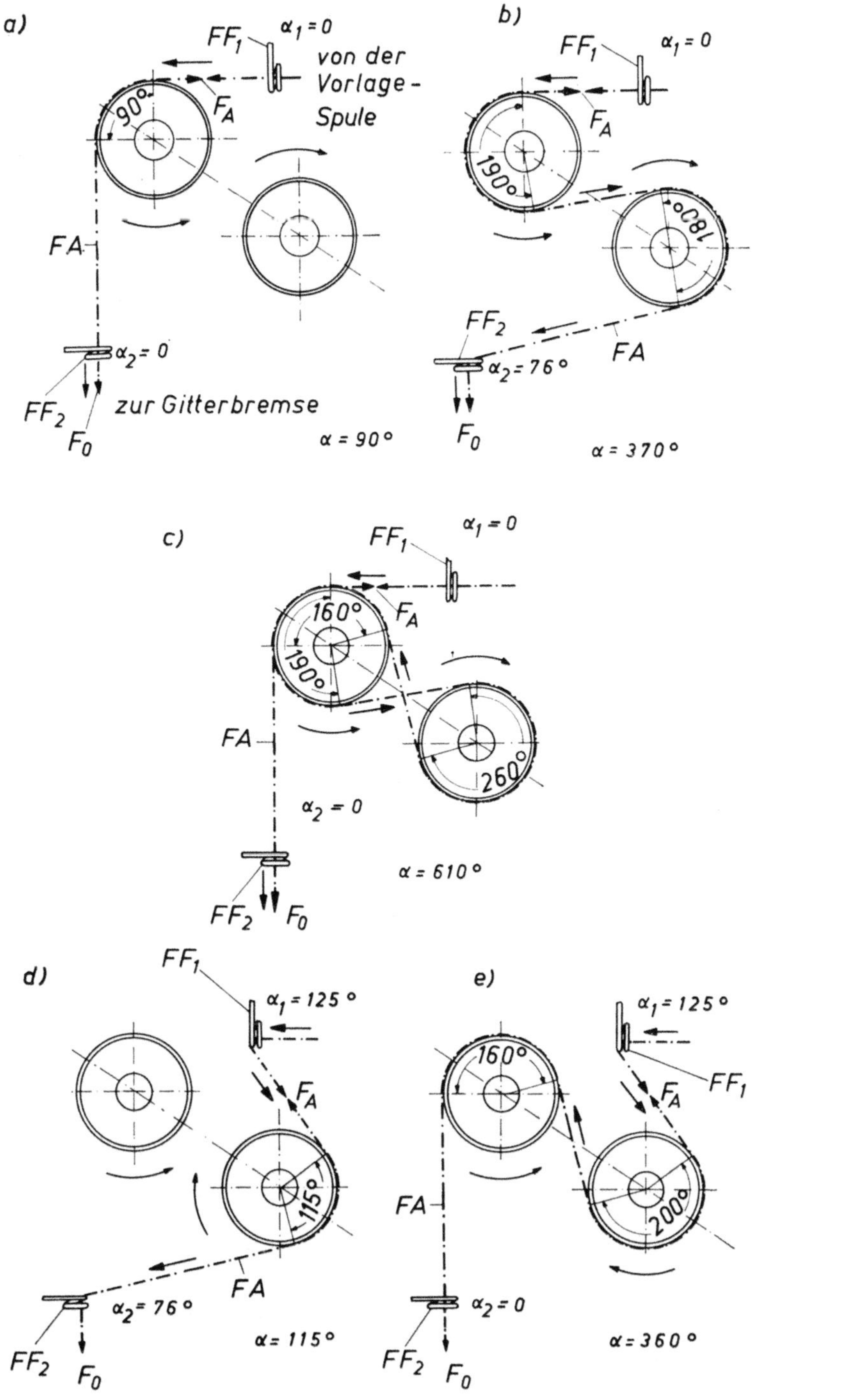

Abb. 38 Fünf Möglichkeiten der Fadenführung durch das Vorlieferwerk

α Summe der Umschlingungswinkel an den Vorlieferwalzen
α_1 Umschlingungswinkel am Fadenführer FF_1
α_2 Umschlingungswinkel am Fadenführer FF_2

a) $\alpha = 90°$	$\alpha_1 = 0$	$\alpha_2 = 0$	FA	Faden
b) $\alpha = 370°$	$\alpha_1 = 0$	$\alpha_2 = 76°$	FF_1, FF_2	Fadenführer
c) $\alpha = 610°$	$\alpha_1 = 0$	$\alpha_2 = 0$	F_A	Ablauffadenzugkraft
d) $\alpha = 115°$	$\alpha_1 = 125°$	$\alpha_2 = 76°$	F_0	nach dem Vorlieferwerk herr-
e) $\alpha = 360°$	$\alpha_1 = 125°$	$\alpha_2 = 0$		schende Fadenzugkraft

Umschlingungswinkel beträgt 125°. Außerdem wird der Faden nach der Fig. d am Fadenführer FF_2 stärker umgelenkt. Die Fadenführer FF_1 und FF_2 bestehen aus verchromtem Stahl. Da infolge der glatten Oberfläche bei ungedrehten Fäden hohe Reibungskräfte auftreten (Kap. 3.2.1.6), ist eine starke Umlenkung an den Fadenführern FF_1 und FF_2 nach Möglichkeit zu vermeiden. Soll trotzdem mit großen Umschlingungen an den Fadenführern FF_1 und FF_2 gespult werden, so sind die Stahlfadenführer durch Sinterkeramikfadenführer zu ersetzen.

Meistens wird die Vorlagespule schräg im Aufsteckgatter befestigt. Je nach der Stellung des Fadenführers FF_1 kann sich dabei der Umschlingungswinkel an der oberen Vorlieferwalze gegenüber den gewählten Beispielen (Fig. a, b und c der Abb. 38) um maximal 90° verringern.

In der Abb. 39 sind die Ablauffadenzugkraft F_A und die nach dem Vorlieferwerk herrschende Fadenzugkraft F_0 für die fünf in der Abb. 38 aufgeführten Möglichkeiten der Fadenführung dargestellt. Als Vorlagespule diente der Streckcop mit bikonischer Parallelwicklung. Der Abzug des Fadens erfolgte von einer mittleren Windungsschicht des Streckcop. Die Fadengeschwindigkeit betrug 1500 m/min, die Relativgeschwindigkeit 550 m/min. Für die drei Umschlingungswinkel $\alpha = 90°$, $\alpha = 370°$ und $\alpha = 610°$ ergibt sich die gleiche Ablauffadenzugkraft F_A (Abb. 38a bis Abb. 38c). Auch zwischen

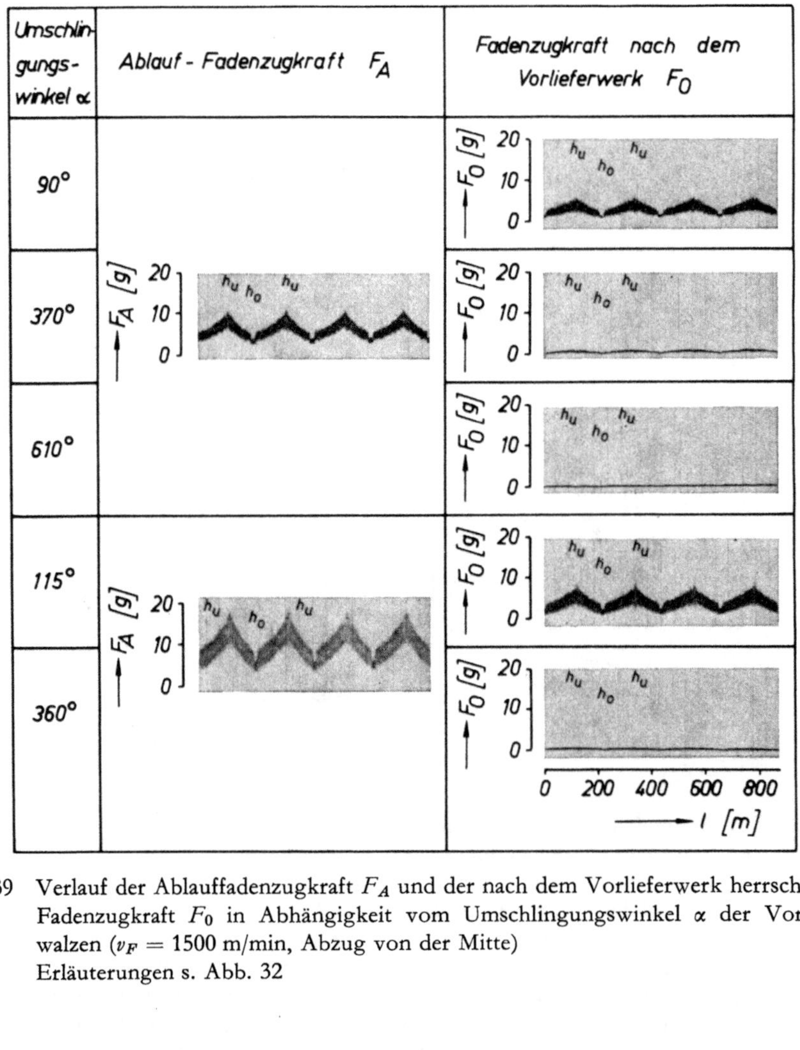

Abb. 39 Verlauf der Ablauffadenzugkraft F_A und der nach dem Vorlieferwerk herrschenden Fadenzugkraft F_0 in Abhängigkeit vom Umschlingungswinkel α der Vorlieferwalzen (v_F = 1500 m/min, Abzug von der Mitte)
Erläuterungen s. Abb. 32

den beiden anderen Einstellungen ($\alpha = 115°$ und $\alpha = 360°$) besteht hinsichtlich der Ablauffadenzugkraft kein Unterschied. Gegenüber der ersten Gruppe ist die Ablauffadenzugkraft jedoch infolge der großen Umschlingung am Fadenführer FF_1 erheblich größer. Mit zunehmendem Umschlingungswinkel α (90°, 360°, 610°) sinkt die Fadenzugkraft F_0 ab. Bei einem Umschlingungswinkel von $\alpha = 610°$ erreicht sie fast den Betrag Null. Demnach läßt sich durch die am Vorlieferwerk auftretende Reibung die Fadenzugkraft F_0 selbst bei hohen Fadengeschwindigkeiten beliebig verringern. Bei den Umschlingungswinkeln $\alpha = 115°$ und $\alpha = 360°$ ist die Ablauffadenzugkraft relativ hoch. Aus diesem Grunde ist die Fadenzugkraft F_0 bei dem Umschlingungswinkel $\alpha = 115°$ größer als bei dem Umschlingungswinkel $\alpha = 90°$. Wenn der Umschlingungswinkel α von 115° auf 360° erhöht wird, ergibt sich ebenfalls eine sehr geringe Fadenzugkraft F_0. Bei großen Umschlingungswinkeln wird nicht nur der Mittelwert, sondern es werden auch die Schwankungen der Fadenzugkraft verschwindend klein.

Wenn der Faden von einer Pineapple-Spule abgezogen wird, entsteht in Abhängigkeit vom Umschlingungswinkel α der in der Abb. 40 dargestellte Verlauf der Ablauffadenzugkraft F_A und der nach dem Vorlieferwerk gemessenen Fadenzugkraft F_0. Mittels einer vorgeschalteten Fadenbremse wurden die mittleren Ablauffadenzugkräfte $\bar{F}_A = 5$ g und $\bar{F}_A = 10$ g eingestellt. Sowohl der Mittelwert als auch die Schwankungsbreite sinken mit zunehmendem Umschlingungswinkel beträchtlich ab. Folglich kann durch die richtige Wahl des Umschlingungswinkels jede gewünschte mittlere Fadenzugkraft $\bar{F}_0$ eingestellt werden. Der Umschlingungswinkel läßt sich jedoch nur in großen Stufen verändern. Außerdem bereitet es Schwierigkeiten, den Umschlin-

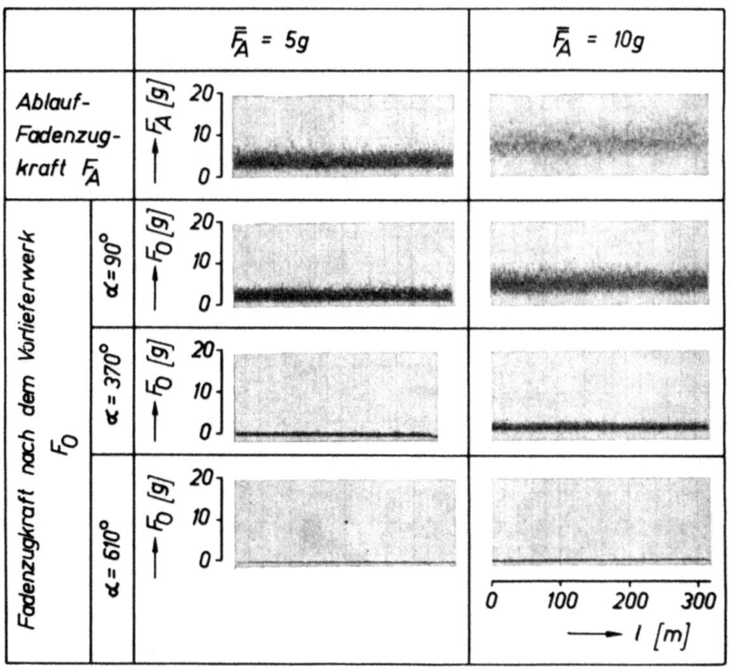

Abb. 40 Verlauf der Ablauffadenzugkraft F_A und der nach dem Vorlieferwerk herrschenden Fadenzugkraft F_0 in Abhängigkeit vom Umschlingungswinkel α der Vorlieferwalzen ($v_F \approx 600$ m/min, Vorlage: Pineapple-Spule)

l Fadenlänge

$\bar{F}_A$ mittlere Ablauffadenzugkraft

gungswinkel α in Abhängigkeit von der Bewicklungsdicke zu regulieren. Demnach muß dem Vorlieferwerk stets eine Fadenbremse nachgeschaltet sein, mit deren Hilfe die Fadenzugkraft wieder auf den gewünschten Wert erhöht wird (Abb. 31).

In der Abb. 41 ist der beim Abzug von einem Streckcop mit bikonischer Parallelwicklung entstehende Verlauf der Ausgangsfadenzugkraft F_2 dargestellt. Einmal wurde ohne das Vorlieferwerk, ein anderes Mal mit dem Vorlieferwerk gespult. Der Umschlingungswinkel am Vorlieferwerk betrug $\alpha = 610°$ (Abb. 38c). Die nachgeschaltete Gitterbremse war so belastet, daß sich eine mittlere Grundausgangsfadenzugkraft von 6 g (0,1 g/den) ergab. Wie aus der Abb. 41 zu ersehen ist, weist der Verlauf der Ausgangsfadenzugkraft ohne die Verwendung des Vorlieferwerkes die bekannten periodischen Änderungen auf. Durch das Vorlieferwerk werden diese periodischen Schwankungen fast vollständig beseitigt. Dagegen entstehen im Verlauf der Ausgangsfadenzugkraft relativ große kurzzeitige Schwankungen. Die Spitzenwerte erreichen etwa die gleiche Höhe wie vorher die Spitzenwerte der langzeitigen Fadenzugkraftschwankungen. Durch die Öldämpfung werden die kurzzeitigen Fadenzugkraftschwankungen nicht verringert. Über Maßnahmen zur Herabsetzung der kurzzeitigen Fadenzugkraftschwankungen wird in einem späteren Kapitel berichtet.

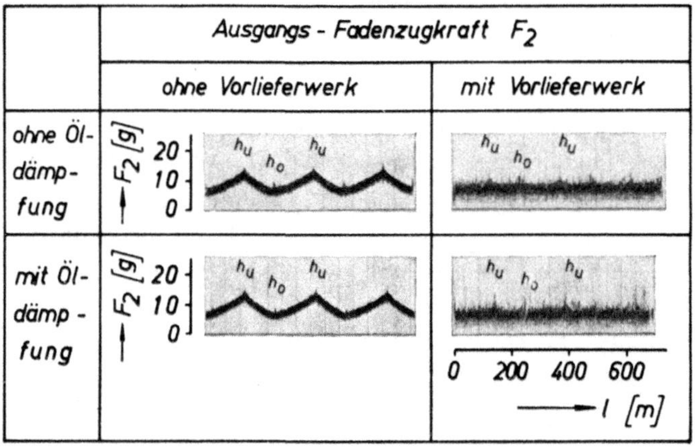

Abb. 41 Einfluß des Vorlieferwerkes und der firmenseitig eingebauten Öldämpfung auf den Verlauf der Ausgangsfadenzugkraft ($v_F = 1500$ m/min, $\alpha = 610°$, Abzug von der Mitte)
Erläuterungen s. Abb. 32

4.2.2.4 Der Einfluß der Relativgeschwindigkeit auf den Fadenzugkraftverlauf

Aus den Ergebnissen des Kapitels 3.2.1.2 geht hervor, daß der Reibungskoeffizient μ von der Fadengeschwindigkeit abhängt. Es interessiert deshalb der Einfluß der Relativgeschwindigkeit v_r auf die Fadenzugkraft F_0. Der Faden wurde von einer Pineapple-Spule abgezogen. Die Fadengeschwindigkeit v_F blieb mit zunehmendem Spulendurchmesser annähernd konstant. Mit Hilfe einer vorgeschalteten Fadenbremse wurde eine mittlere Ablauffadenzugkraft von 6 g (0,1 g/den) eingestellt.

In der Abb. 42 sind die Ablauffadenzugkraft F_A und die nach dem Vorlieferwerk herrschende Fadenzugkraft F_0 in Abhängigkeit von der Relativgeschwindigkeit v_r dargestellt. Der Umschlingungswinkel betrug $\alpha = 90°$ (Abb. 38a). Da sich die Fadengeschwindigkeit v_F nicht ändert, bleibt die Ablauffadenzugkraft F_A konstant. Die Fadenzugkraft F_0 nimmt dagegen mit zunehmender Relativgeschwindigkeit v_r geringfügig ab. Daraus ist auf eine geringfügige Zunahme des Reibungskoeffizienten mit zunehmender Relativgeschwindigkeit zu schließen. Für die Praxis ist der Einfluß der Relativgeschwindigkeit jedoch bedeutungslos.

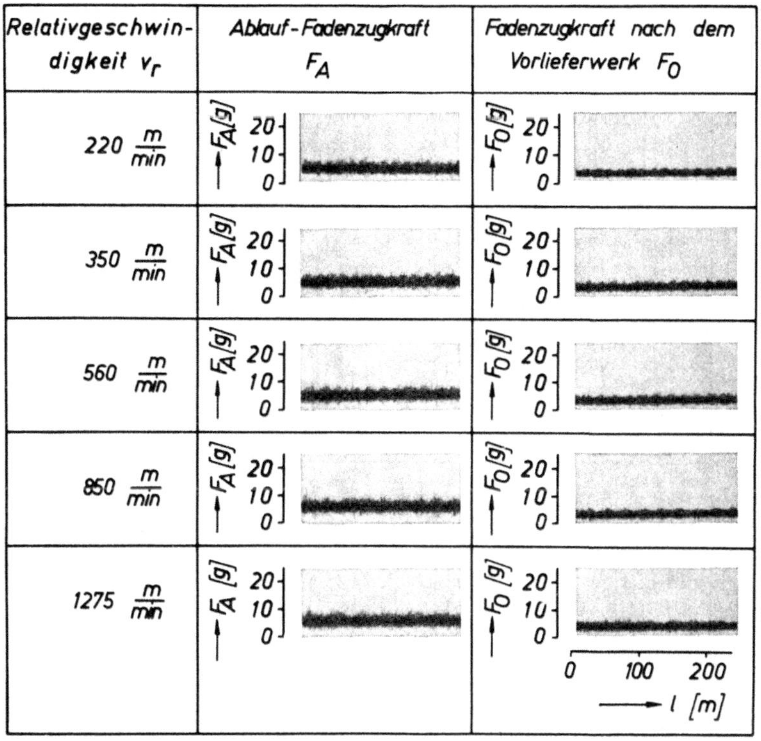

Abb. 42 Verlauf der Ablauffadenzugkraft F_A und der nach dem Vorlieferwerk herrschenden Fadenzugkraft F_0 in Abhängigkeit von der Relativgeschwindigkeit v_r der Vorlieferwalzen gegenüber dem Faden (Fadengeschwindigkeit $v_F \approx 600$ m/min, $\alpha = 90°$)
l Fadenlänge

4.2.2.5 Der Einfluß der relativen Luftfeuchtigkeit auf den Fadenzugkraftverlauf

Unter den gleichen Bedingungen wie im vorausgegangenen Kapitel wurde der Einfluß der relativen Luftfeuchtigkeit auf den Verlauf der Ablauffadenzugkraft F_A und der nach dem Vorlieferwerk herrschenden Fadenzugkraft F_0 untersucht. Die relative Luftfeuchtigkeit wurde in einem Bereich zwischen 45% und 85% geändert. In diesen Bereich fallen die in der Praxis vorkommenden Klimaunterschiede. Es zeigt sich, daß Abweichungen der relativen Luftfeuchtigkeit vom Normalklima um 20% nach unten oder um 20% nach oben ohne einen nennenswerten Einfluß auf die Ablauffadenzugkraft F_A und auf die Fadenzugkraft F_0 bleiben (Abb. 43).

4.2.2.6 Die Verminderung der kurzzeitigen Fadenzugkraftschwankungen mittels einer Filzdämpfvorrichtung

Wie aus der Abb. 41 hervorgeht, gelingt es mit Hilfe des Vorlieferwerkes, sowohl die mittlere Fadenzugkraft als auch die relativ langzeitigen Fadenzugkraftunterschiede beträchtlich zu verringern. Wenn die Fadenzugkraft mittels der nachgeschalteten Fadenbremse wieder auf den gewünschten Betrag erhöht wird, entstehen jedoch relativ große kurzzeitige Fadenzugkraftschwankungen. Diese erstrecken sich auf Fadenlängen von etwa 100 mm bis 500 mm. Um die kurzzeitigen Schwankungen zu verringern,

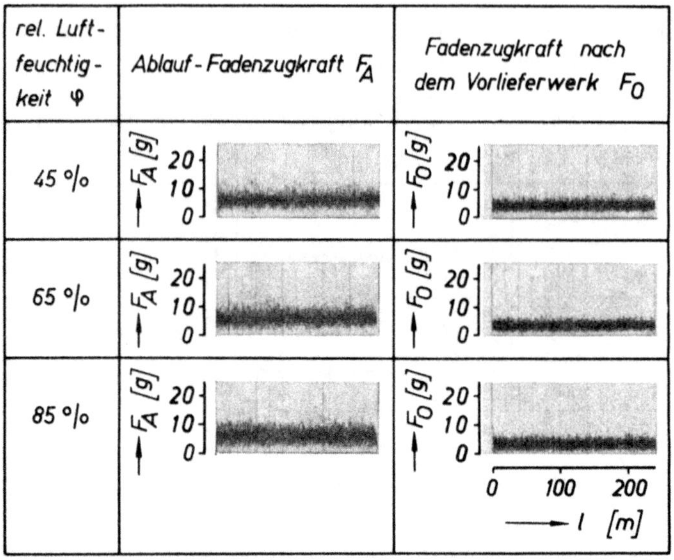

Abb. 43 Verlauf der Ablauffadenzugkraft F_A und der nach dem Vorlieferwerk herrschenden Fadenzugkraft F_0 in Abhängigkeit von der relativen Luftfeuchtigkeit φ (Fadengeschwindigkeit $v_F \approx 600$ m/min, $\alpha = 90°$)
l Fadenlänge

wurde eine aus zwei aufeinander gepreßten Filzplatten FP_1 und FP_2 bestehende Dämpfvorrichtung zwischen dem Vorlieferwerk und der Gitterbremse befestigt (Abb. 31 und Abb. 44). Mit Hilfe der Mutter *MU* und der Feder *FE* läßt sich die Anpreßkraft der Filzplatten verändern. Die Wirkung der Filzdämpfvorrichtung auf den Fadenzugkraftverlauf geht aus der Abb. 45 hervor. Für diese Versuche wurde ein Polyamid 6-Faden mit einer Geschwindigkeit von 1500 m/min von dem Streckcop mit bikonischer Parallelwicklung abgezogen. Im oberen Diagramm ist die Ablauffadenzugkraft F_A in Abhängigkeit von der Fadenlänge dargestellt. Aus den darunter angeordneten Diagrammen ist der Verlauf der Fadenzugkraft F_0, der Eingangsfadenzugkraft F_1 und der Ausgangsfadenzugkraft F_2 für verschiedene Umschlingungswinkel α zu ersehen (Abb. 38a, 38b und 38c). Die Gitterbremse war stets so eingestellt, daß sich eine mittlere Grundausgangsfadenzugkraft von 6 g (0,1 g/den) ergab.

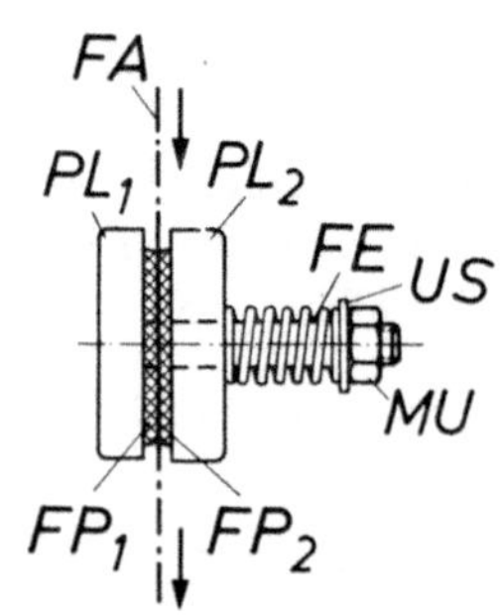

Abb. 44 Filzdämpfvorrichtung

FA	Faden	*FE*	Schraubenfeder
PL_1, PL_2	Platten	*US*	Unterlegscheibe
FP_1, FP_2	Filzplatten	*MU*	Mutter

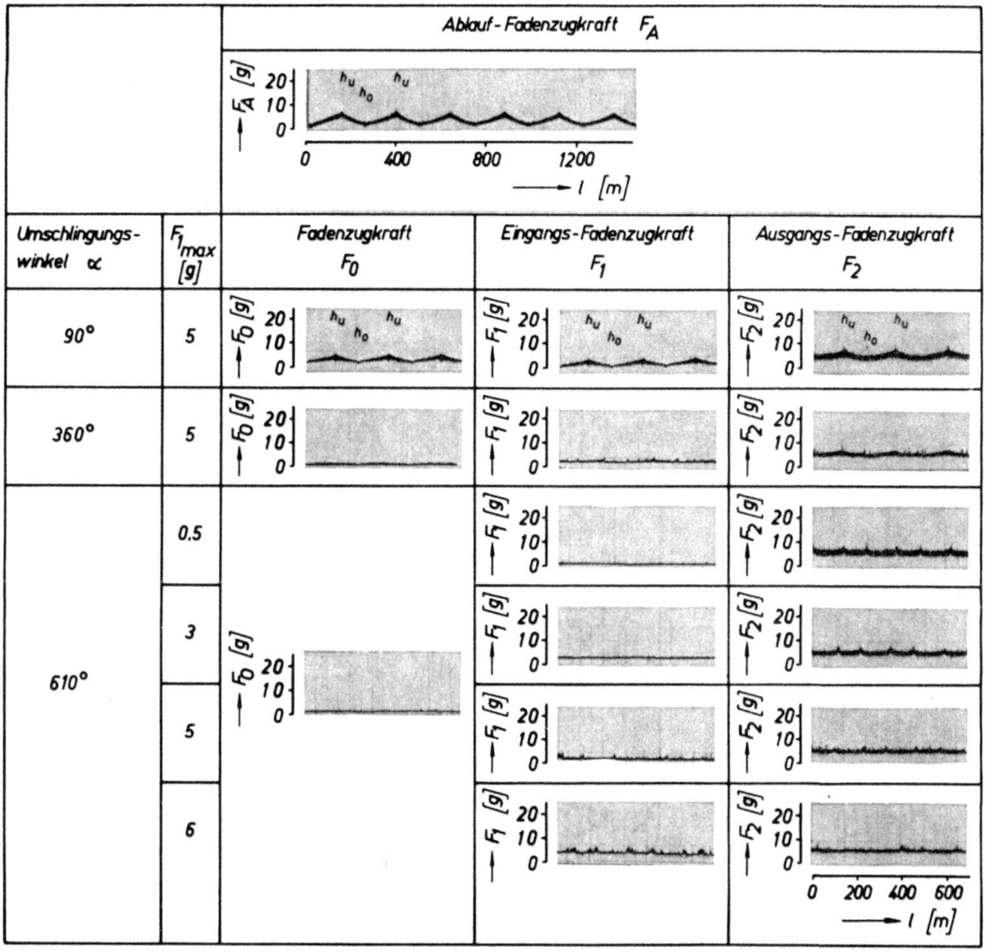

Abb. 45 Verlauf der Ablauffadenzugkraft F_A, der Fadenzugkraft F_0, der Eingangsfadenzugkraft F_1 und der Ausgangsfadenzugkraft F_2 in Abhängigkeit vom Umschlingungswinkel α ($v_F = 1500$ m/min, Abzug von der Mitte)
Erläuterungen s. Abb. 32
$F_{1_{\max}}$ an der Filzdämpfvorrichtung eingestellter Maximalwert der Eingangsfadenzugkraft

Der Verlauf der Ablauffadenzugkraft F_1 weist die bekannten periodischen Schwankungen auf. Mit zunehmendem Umschlingungswinkel α nehmen sowohl der Mittelwert als auch die periodischen Schwankungen der Fadenzugkraft F_0 beträchtlich ab. Mit Hilfe der Dämpfvorrichtung läßt sich die Eingangsfadenzugkraft F_1 der Gitterbremse verändern. Für alle drei Umschlingungswinkel wurde die Dämpfvorrichtung zunächst so eingestellt, daß die Spitzen der Eingangsfadenzugkraft $F_{1,\max}$ gerade 5 g erreichten. Nur bei dem Umschlingungswinkel von $\alpha = 610°$ wurde die maximale Eingangsfadenzugkraft $F_{1,\max}$ zusätzlich variiert. Mit zunehmendem Umschlingungswinkel α gehen die im Verlauf der Ablauffadenzugkraft F_A festgestellten periodischen Schwankungen immer weniger in den Verlauf der Ausgangsfadenzugkraft F_2 über. Wie aus den zu $\alpha = 610°$ gehörenden Diagrammen zu ersehen ist, sind die Schwankungen desto geringer, je mehr sich die maximale Eingangsfadenzugkraft $F_{1,\max}$ der gewünschten

Ausgangsfadenzugkraft nähert. In diesem Fall ist die erforderliche Bremswirkung der nachgeschalteten Gitterbremse sehr gering.
Wie aus einem Vergleich zwischen den Abb. 41 und 45 hervorgeht, nehmen die kurzzeitigen Schwankungen der Ausgangsfadenzugkraft bei der Verwendung der Filzdämpfvorrichtung beträchtlich ab. Das trifft für alle Einstellungen der Dämpfvorrichtung zu. Eine aus Filzplatten bestehende Dämpfvorrichtung hat jedoch den erheblichen Nachteil, daß sich die Spur des Fadens nach kurzer Zeit mit Fadenpräparation zusetzt. Der Faden läuft schließlich durch eine in zunehmendem Maße verschmutzende Präparationsschicht hindurch. Diese Überlegungen veranlaßten die Verfasser, eine Gitterbremse mit biegsamen, leicht nachgiebigen Gitterstäbchen zu entwickeln, welche die gleiche Wirkung wie die Filzdämpfvorrichtung, aber nicht deren Nachteile besitzt. Darüber wurde an anderer Stelle ausführlich berichtet [46].

4.3 Die während des Falschdrahtzwirnens auftretenden Fadenzugkräfte

Endlose synthetische Fäden werden heute in zunehmendem Maße texturiert. Von den bekannt gewordenen Texturierverfahren hat das Falschdrahtverfahren die größte Verbreitung gefunden. Wie WEGENER [47] und SCHUBERT [47] sowie WEGENER [48, 49] und JAMMERS [48, 49] feststellten, hängt der Ausfall der Falschdrahtgarne von dem Fadenzugkraftverlauf ab. Es interessiert daher zu wissen, wie der Fadenzugkraftverlauf beim Falschdrahtzwirnen von der Reibung beeinflußt wird.

4.3.1 Die Versuchsmaschine und die Versuchsdurchführung

Für die Untersuchungen stand eine Falschdrahtzwirnmaschine der Firma Ernest Scragg & Sons Ltd. vom Typ CS 3 zur Verfügung [47–49]. Der Faden läuft von der Vorlagespule *VS* (fast immer ein Streckcop) über den Fadenführer FF_1, die Fadenbremse *BR*, den Fadenführer FF_2, über die Umlenkrollen UR_1 und UR_2 in das untere Lieferwerk LW_1 ein (Abb. 46). Um einen eventuellen Schlupf zu vermeiden, umschlingt der Faden die Umlenkrolle UR_2 und die obere Walze des Lieferwerkes LW_1 je zweimal. Dasselbe gilt für die Umlenkrolle UR_3 und die obere Walze des Lieferwerkes LW_2. Die Fadenbremse *BR*, eine starre Gitterbremse, dient zum Straffen des Fadens vor dem unteren Lieferwerk. Der eigentliche Arbeitsbereich liegt zwischen den beiden Lieferwerken LW_1 und LW_2. Er wird zur besseren Erklärung der Ergebnisse in einen unteren Bereich (zwischen dem Lieferwerk LW_1 und dem Drallgeber *DG*) und in einen oberen Bereich (zwischen dem Drallgeber *DG* und dem Lieferwerk LW_2) eingeteilt. Der vom Riemen *RI* angetriebene Drallgeber *DG* läuft mit einer Drehzahl von 60 000 min^{-1} und erteilt dabei dem Faden im unteren Bereich einen falschen Draht. Im Heizkörper *HK* wird der Faden auf bereits in den Erweichungsbereich fallende Temperaturen erhitzt. Die falsche Drehung bewirkt eine plastische Verformung des Fadens. Die Elementarfäden beschreiben Schraubenlinien. Nachdem der Faden den Heizkörper verlassen hat, kühlt er sich infolge seiner großen Oberfläche sehr schnell ab. Der Faden ist bereits fixiert, bevor er den Drallgeber erreicht. Durch die im oberen Bereich erzeugte entgegengesetzte Drehung wird die fixierte Drehung aufgelöst. Das in den Elementarfäden verbliebene Torsionsmoment versucht diese in den fixierten Zustand zurückzudrehen. Auf Grund der hohen im oberen Bereich herrschenden Fadenzugkraft ist das jedoch erst nach dem Verlassen des Lieferwerkes LW_2 möglich. Dort drehen sich die Elementarfäden einzeln zurück. Der Faden erhält daraufhin eine Kräuselung.
Das Drehzahlverhältnis der beiden Lieferwerke läßt sich verändern. Im allgemeinen wird mit einem Vorlauf des unteren Lieferwerkes gegenüber dem oberen Lieferwerk

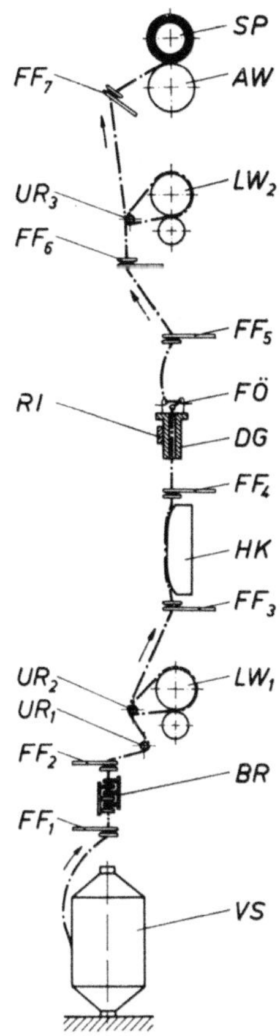

Abb. 46

Fadenlauf durch die Versuchsmaschine (Schema)

VS	Vorlagespule	*DG*	Drallgeber
FF_1–FF_7	Fadenführer	*RI*	Riemen
BR	Fadenbremse	*FÖ*	Fadenöse
UR_1–UR_3	Umlenkrollen	*AW*	Aufwickelwalze
LW_1, LW_2	Lieferwerke	*SP*	Spule
HK	Heizkörper		

gearbeitet. Die Änderung des Drehzahlverhältnisses wird durch die Drehzahländerung des unteren Lieferwerkes bewirkt. Die Wärmeübertragung im Heizkörper *HK* erfolgt überwiegend durch Wärmeleitung. Von den Fadenführern FF_3 und FF_4 geführt, gleitet der Faden über eine Kontaktschiene des Heizkörpers. Der Drallgeber *DG* besteht aus einem Röhrchen, in das ein Draht mit sehr glatter Oberfläche eingesetzt ist. In der Mitte bildet der Draht einen Steg. An seinen beiden Enden besitzt er Ösen, durch die der Faden mehrfach hindurchgezogen werden kann. Zwischen der zuletzt durchlaufenen Öse und dem Fadenführer FF_5 bildet der Faden einen Ballon. Bevor er zur Umlenkrolle UR_3 gelangt, ist er noch einmal im Fadenführer FF_6 geführt. Das obere Lieferwerk eilt der Abzugswalze *AW* vor. Infolgedessen wird der Faden mit sehr geringer Fadenzugkraft auf die Spule *SP* aufgewunden. Der Fadenführer FF_7 dient zur Fadenverlegung auf der Spule.

Die während des Falschdrahtzwirnens auftretenden Fadenzugkräfte hängen von der Maschineneinstellung ab. Von Einfluß sind die Fadentemperatur, die dem Faden mitgeteilte falsche Drehung, der Vorlauf des unteren Lieferwerkes gegenüber dem oberen Lieferwerk und die Einfädelung in den Draht des Drallgebers. Da es bislang nicht möglich ist, die im Heizkörper herrschende Fadentemperatur exakt zu messen, wird als Richtwert die maximale Heizkörpertemperatur benutzt. Der Temperaturverlauf des verwendeten Kontaktheizkörpers wurde von Wegener [50] und Brehm [50] eingehend untersucht. Danach wird die maximale Temperatur oberhalb der Heizkörpermitte erreicht. Die tatsächliche maximale Fadentemperatur liegt je nach der Verweilzeit mehr oder weniger weit unterhalb der maximalen Heizkörpertemperatur.

Wie WEGENER [49] und JAMMERS [49] feststellten, stimmt die dem Faden mitgeteilte falsche Drehung mit der eingestellten theoretischen Garndrehung im allgemeinen überein. Nur unter extremen Bedingungen treten stärkere Abweichungen auf. Es genügte demnach, die Fadenzugkraft in Abhängigkeit von der theoretischen Garndrehung zu ermitteln. Unter der theoretischen Garndrehung ist das Verhältnis der Spindeldrehzahl zur Fadengeschwindigkeit zu verstehen. Die Spindeldrehzahl wurde konstant auf 60 000 min^{-1} gehalten. Demnach ist eine Änderung der theoretischen Garndrehung stets mit einer Änderung der Fadengeschwindigkeit und somit auch mit einer Änderung der Verweilzeit im Heizkörper verbunden. Da die Fadengeschwindigkeit aus der Umfangsgeschwindigkeit des oberen Lieferwerkes errechnet wird, ist die theoretische Garndrehung vom Vorlauf unabhängig. Läuft der Faden über den Steg des für das Zwirnen vorgesehenen Drahtes und nur durch *eine* Öse, so soll die Einfädelung einmal betragen. Wird er, bevor er weiter nach oben wandert, noch durch die zweite Öse gezogen, so soll er zweimal eingefädelt sein. Bei einer dreifachen Einfädelung wird er nochmals zurückgeführt und ein zweites Mal durch die erste Öse gezogen usw.
Die ausgewählten Maschineneinstellungen sind in der Tab. 2 eingetragen. Während eine der vier Einflußgrößen eine Änderung erfuhr, wurden die drei anderen auf ihrem Normalwert konstant gehalten. Unter dem Normalwert wird der Wert einer Größe verstanden, der nach den Erfahrungen der Praxis die besten Eigenschaften der Kräuselgarne ergibt. Die Normalwerte sind in der Tab. 2 eingerahmt dargestellt.

Tab. 2

Maschineneinstellungen			
Maximale Heizkörpertemperatur ϑ [°C]	190; 215; 232	238	244; 250
Theoretische Garndrehung $\left[\frac{T}{m}\right]$	2935; 3199	3412	3544; 3781
Vorlauf V [%]	—2; 0; 1	2	3; 5; 8
Anzahl der Einfädelungen	1×; 2×	3×	4×

Als Versuchsmaterial fand ein in Streckcopaufmachung mit Differentialwicklung vorliegender Polyamid 6.6-Faden (Td 60/20) Verwendung. Beim Abzug von Streckcops mit Differentialwicklung entstehen bekanntlich Fadenzugkraftspitzen, deren Größe sich periodisch ändert. In den nachfolgenden Abbildungen sind, sofern es nicht ausdrücklich anders erwähnt ist, stets die mittleren Werte der zwischen den Spitzen herrschenden Grundfadenzugkraft aufgetragen.

4.3.2 Die Ergebnisse der Fadenzugkraftmessungen

4.3.2.1 Der Einfluß der an den Leitorganen stattfindenden Reibung auf die Fadenzugkraft

Um den Einfluß der Reibung auf die während des Falschdrahtzwirnens herrschenden Fadenzugkräfte ermitteln zu können, erfolgten Messungen an acht verschiedenen Stellen des Fadenlaufes. In der Abb. 47 sind die Fadenzugkräfte als Säulen über dem Ort der Messung aufgetragen. Die Messungen erfolgten an dem bereits genannten Polyamid 6.6-Faden Td 60/20 und zusätzlich an einem Faden Td 20/7 des gleichen Materials. Als Versuchsbedingungen wurden die Normalwerte gewählt (Tab. 3).

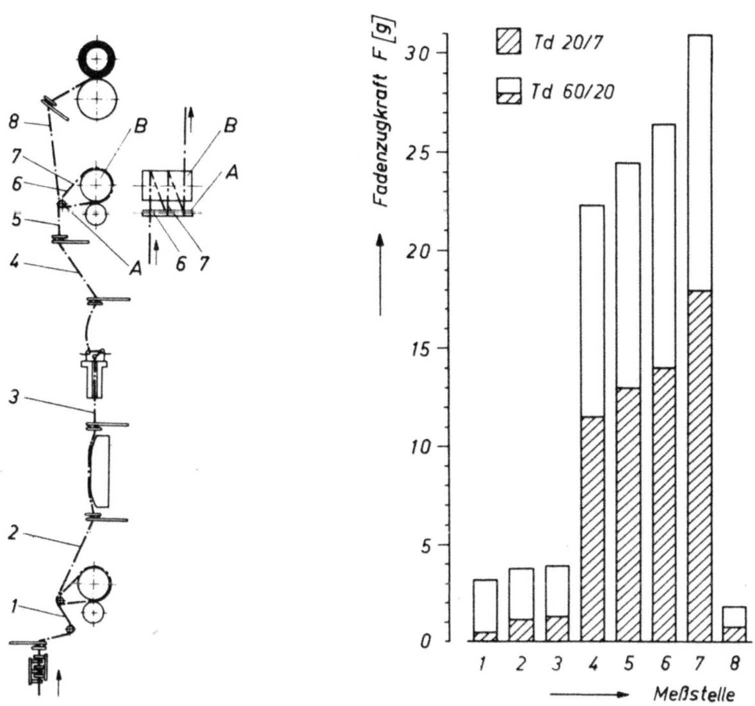

Abb. 47 Fadenzugkraft F in Abhängigkeit vom Ort der Messung

Tab. 3

Maschineneinstellungen	Polyamid 6.6 Td 60/20	Polyamid 6.6 Td 20/7
Maximale Heizkörpertemperatur ϑ [°C]	238	238
Theoretische Garndrehung $\left[\frac{T}{\text{m}}\right]$	3412	4803
Vorlauf V [%]	2	2
Anzahl der Einfädelungen	3×	4×
Fadengeschwindigkeit $\left[\frac{\text{m}}{\text{min}}\right]$	17,6	12,5

An der Meßstelle 1 wird die vor dem Lieferwerk LW_1 herrschende Fadenzugkraft bestimmt. Sie hängt in erster Linie von der Einstellung der Fadenbremse *BR* ab (Abb. 46). Das zwischen den Lieferwerken LW_1 und LW_2 herrschende Fadenzugkraftniveau wird durch den Vorlauf des unteren Lieferwerkes gegenüber dem oberen Lieferwerk bestimmt. Infolge der Reibung an den Leitorganen, an der Kontaktschiene des Heizkörpers und besonders am Draht des Drallgebers treten jedoch zwischen den einzelnen Meßstellen erhebliche Fadenzugkraftunterschiede auf.

Obgleich bei beiden Garnen das untere Lieferwerk dem oberen Lieferwerk vorläuft und der Faden sich daraufhin lockern müßte, tritt bereits im unteren Bereich (Meßstellen 2 und 3) eine meßbare Fadenzugkraft auf. Der Faden muß sich demnach in dieser Zone verkürzen. Es gibt dafür hauptsächlich zwei Ursachen: Im Heizkörper wird der Faden bis auf eine bereits in den Erweichungsbereich fallende Temperatur erhitzt. Wie WEGENER [51] und EGBERS [51] nachwiesen, schrumpfen die Polyamide unter einer Wärmeeinwirkung, sofern die dabei herrschende Spannung nicht sehr groß ist. Die im Heizkörper stattfindende Schrumpfung hebt zunächst die infolge des Vorlaufes eintretende Lockerung des Fadens auf. Da eine weitere Fadenverkürzung nicht möglich ist, entsteht im Faden eine Schrumpfkraft. Dieser Schrumpfkraft überlagert sich eine zweite, auf der Einzwirnung des Fadens beruhende Fadenzugkraft [47, 49]. Der Einfluß der Einzwirnung tritt jedoch nur im unteren Bereich in Erscheinung. Im oberen Bereich wird die Drehung des Fadens aufgelöst. Es entsteht dort eine gegenteilige Wirkung. Außerdem ist zu beachten, daß der Faden durch die Fadenbremse bereits vorgespannt in den unteren Bereich einläuft.

Innerhalb des unteren Arbeitsbereiches ist die Fadenzugkraft an der Meßstelle 2 am geringsten. Demnach verhindert die Reibung am Fadenführer FF_3, daß die vom Heizkörper ausgehende Schrumpfung auch davor voll wirksam wird. Der Fadenzugkraftunterschied zwischen den Meßstellen 2 und 3 ist jedoch gering. In den Ösen des sehr glatten Drahtes tritt eine beträchtliche Reibung auf. Der Umschlingungswinkel beträgt bei dreifacher Einfädelung etwa 480°, bei vierfacher Einfädelung sogar etwa 640°. Wie aus einem Vergleich der Meßstellen 3 und 4 hervorgeht, steigt die Fadenzugkraft beim Durchlaufen des Drallgebers auf das Mehrfache ihres ursprünglichen Betrages an. Infolge der Reibung an den Fadenführern FF_5 und FF_6 nimmt danach die Fadenzugkraft noch weiter zu. Sie erreicht ihren höchsten Wert nach der zweiten Umschlingung der Umlenkrolle UR_3 (Meßstelle 7). Nachdem der Faden das Lieferwerk LW_2 verlassen hat, sinkt die Fadenzugkraft infolge der Voreilung dieses Lieferwerkes gegenüber der Abzugswalze auf einen sehr geringen Wert, die Aufwindefadenzugkraft, ab.

Der dünnere Faden Td 20/7 weist an allen Meßstellen (1–8) niedrigere Fadenzugkräfte als der dickere Faden Td 60/20 auf, obgleich er viermal, der dickere Faden dagegen nur dreimal eingefädelt war (Tab. 3). Bereits an der Meßstelle 1 entsteht trotz gleicher Bremseneinstellung eine Zugkraftdifferenz zwischen den beiden Fäden. Diese kann nur auf einen unterschiedlichen Reibungskoeffizienten zurückgeführt werden. Im unteren Bereich sind die Schrumpfkraft und die Einzwirnung für die Fadenzugkraft maßgebend. Wenn für beide Fäden gleiche Schrumpfspannungen vorausgesetzt werden, so ergeben sich naturgemäß bei dem dünneren Faden geringere Schrumpfkräfte als bei dem dickeren Faden. Die Einzwirnung ist bei dem dünnen Faden ebenfalls geringer als bei dem dicken Faden. Die im unteren Bereich wesentlich geringere Fadenzugkraft des dünneren Fadens ergibt trotz des größeren Umschlingungswinkels im Drallgeber auch im oberen Bereich eine niedrigere Fadenzugkraft. Bei gleichem Vorlauf des Lieferwerkes LW_2 gegenüber der Abzugswalze AW muß der dünnere Faden auch an der Meßstelle 8 eine geringere Fadenzugkraft aufweisen.

4.3.2.2 Der zeitliche Verlauf der Fadenzugkraft

Der Falschdrahtzwirnmaschine werden vorwiegend Streckcops vorgelegt. Es interessiert deshalb der während des Falschdrahtzwirnens herrschende zeitliche Verlauf der Fadenzugkraft. Das für die Versuche benutzte Polyamid 6.6-Multifil Td 60/20 lag in Differentialwicklung vor. In der Abb. 48 ist für die beiden Umkehrpunkte H_o und H_u sowie für die mittlere Stellung H_m der Hubverlagerung der Fadenzugkraftverlauf zeitabhängig dargestellt [8]. Der vorgelegte Streckcop war zur Hälfte abgewickelt. Die Messungen erfolgten an den beiden für den unteren und für den oberen Bereich charakteristischen Meßstellen 2 und 4. Wie aus der Abb. 48 zu ersehen ist, treten an beiden Meßstellen erhebliche Fadenzugkraftspitzen auf. Am unteren Umkehrpunkt der Hubverlagerung H_u entsteht eine Spitze, wenn sich der Ablaufpunkt an seinem unteren Umkehrpunkt h_u befindet. Am oberen Umkehrpunkt der Hubverlagerung H_o sind die Verhältnisse genau umgekehrt. Die Spitze entsteht dort am oberen Umkehr-

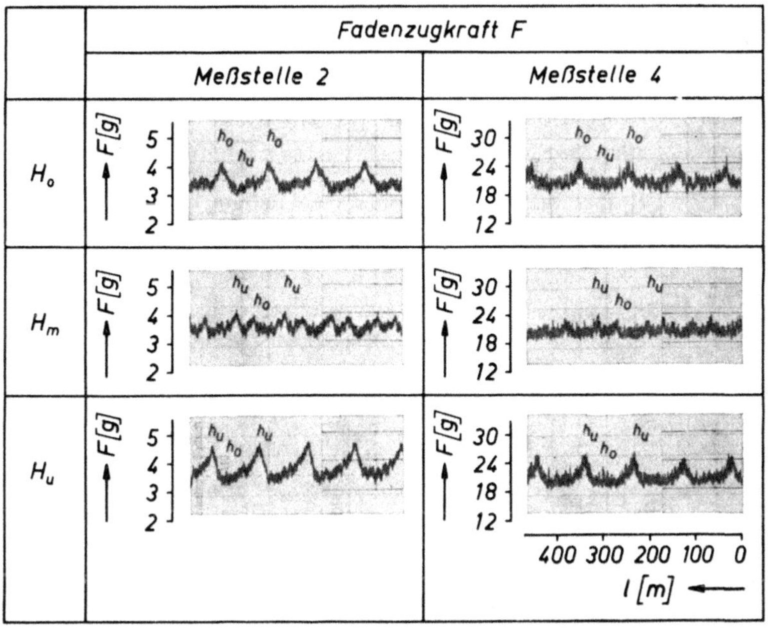

Abb. 48 An den Meßstellen 2 und 4 ermittelter Fadenzugkraftverlauf in Abhängigkeit von der Stellung der Hubverlagerung (Polyamid 6.6 Td 60/20, Differentialwicklung, $v = 12{,}5$ m/min)

H_u, H_m, H_o Stellung der Hubverlagerung am unteren und am oberen Umkehrpunkt sowie in der Mittellage

h_u, h_o Lage des Ablaufpunktes am unteren und am oberen Umkehrpunkt innerhalb des Hubes [8]

punkt des Ablaufpunktes h_o. Bei der mittleren Stellung der Hubverlagerung H_m ist an beiden Umkehrpunkten des Fadens (h_u und h_o) eine kleine Spitze festzustellen. Dieser Fadenzugkraftverlauf stimmt genau mit dem von WEGENER [8] und SCHUBERT [8] für Streckcops mit Differentialwicklung am Frenzel-Hahn-Prüfgerät ermittelten Fadenzugkraftverlauf überein. Er ist folglich auf Unterschiede im Kraft–Dehnungs-Verhalten des Fadens und nicht auf Unterschiede der Ablauffadenzugkraft zurückzuführen. Hauptursache dürfte die unterschiedliche Wärmeschrumpfung sein. Bei modernen hochtourigen Maschinen ist dagegen ein Einfluß der Ballonkräfte auf den Fadenzugkraftverlauf der Falschdrahtzwirnmaschine nicht auszuschließen.

4.3.2.3 Der beim Abheben des Drallgebers vom Antriebsriemen und beim Anlegen des Drallgebers an den Antriebsriemen entstehende Fadenzugkraftverlauf

Um den Einfluß der Wärmeschrumpfung und den Einfluß der Einzwirnung auf den Fadenzugkraftverlauf voneinander trennen zu können, wurde der Drallgeber (Zwirnspindel) während des Fadendurchlaufes von dem Antriebsriemen abgehoben und später wieder an den Riemen angelegt. Der sich dabei an den Meßstellen 2 und 4 ergebende zeitliche Fadenzugkraftverlauf ist in der Abb. 49 dargestellt. Der Kurvenverlauf ist von rechts nach links zu verfolgen. Die rechts des Punktes A liegenden Kurvenabschnitte wurden bei rotierendem Drallgeber aufgenommen. Der Fadenabzug erfolgte von einem vollen Streckcop. Es traten somit keine Fadenzugkraftspitzen auf [8]. Als Versuchsbedingungen wurden die Normalwerte gewählt. Im Punkt A wurde der Drallgeber vom Riemen abgehoben. Der Drallgeber verminderte seine Drehzahl und kam im

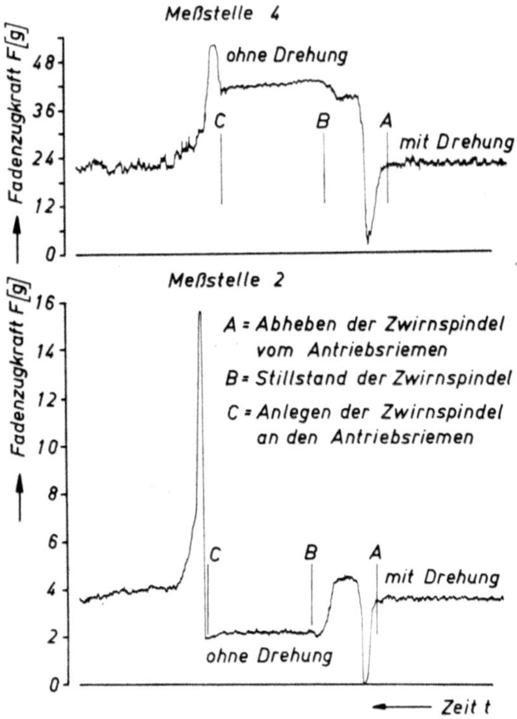

Abb. 49 Beim Abheben des Drallgebers vom Antriebsriemen und beim Anlegen des Drallgebers an den Antriebsriemen entstehender Fadenzugkraftverlauf der Meßstellen 2 und 4

Punkt *B* zum Stillstand. Zwischen den Punkten *B* und *C* hat der Faden keine falsche Drehung. Im Punkt *C* wurde der Drallgeber wieder an den Riemen angelegt. Wie aus der Abb. 49 hervorgeht, ist die ohne Drehung des Drallgebers gemessene Fadenzugkraft im unteren Bereich (Meßstelle 2) geringer als die mit Drehung gemessene Fadenzugkraft. Demnach bewirkt die Einzwirnung eine Zunahme der Fadenzugkraft in diesem Bereich. Aus dem ohne Drehung erhaltenen Diagrammabschnitt ist zu ersehen, daß die Wärmeschrumpfung bereits ausreicht, um den Vorlauf auszugleichen und eine Schrumpfkraft von fast 2 g zu erzeugen. Nach dem Drallgeber (Meßstelle 4) ist die ohne Drehung des Drallgebers entstehende Fadenzugkraft dagegen beträchtlich höher als die mit Drehung entstehende Fadenzugkraft. Wie aus den Ergebnissen des Kapitels 3 hervorgeht, ist der Reibungskoeffizient zwischen einem ungedrehten Faden und einem glatten Reibkörper erheblich größer als zwischen einem gedrehten Faden und einem glatten Reibkörper. Auf diese Weise ist die im oberen Bereich ohne Drehung des Drallgebers entstehende hohe Fadenzugkraft zu erklären. Beim Anlegen des Drallgebers entstehen sowohl im unteren als auch im oberen Bereich beträchtliche Spitzenwerte. Die Gefahr von Überdehnungen ist dann besonders groß.

4.3.2.4 Die Änderung der Fadenzugkraft in Abhängigkeit von der maximalen Heizkörpertemperatur, von der theoretischen Garndrehung, vom Vorlauf und von der Anzahl der Einfädelungen

In der Abb. 50 ist die Fadenzugkraft in Abhängigkeit von der maximalen Heizkörpertemperatur, von der theoretischen Garndrehung, vom Vorlauf und von der Anzahl der Einfädelungen dargestellt. Mit zunehmender maximaler Heizkörpertemperatur sinkt die Fadenzugkraft sowohl im unteren Bereich (Meßstelle 2) als auch im oberen Bereich (Meßstelle 4) (Abb. 50a). Das scheint zunächst den Ergebnissen von WEGENER [51] und EGBERS [51] zu widersprechen, die für Polyamid 6 mit steigender Temperatur eine Zunahme der Schrumpfung feststellten. Doch liegen hier andere Voraussetzungen vor. Im Heizkörper der Falschdrahtzwirnmaschine wird der Faden bis auf eine bereits in den Erweichungsbereich fallende Temperatur erhitzt. Eine Zunahme der Temperatur bewirkt dann eine zunehmende Erweichung des Fadens und mithin eine Abnahme der Schrumpfkraft. Der mit steigender Heizkörpertemperatur beobachtete Abfall der Fadenzugkraft ist an beiden Meßstellen gleich. Demnach werden die infolge des Temperatureinflusses im unteren Bereich entstehenden Fadenzugkraftänderungen in den oberen Bereich übertragen.

In einem Zusatzversuch wurde die Änderung der Fadenzugkraft in einem größeren Temperaturbereich untersucht. Zu diesem Zweck erfolgte zunächst eine Abkühlung des Heizkörpers bis auf eine Temperatur von 110°C. Anschließend wurde sofort die maximale Heizleistung eingestellt. Dabei ergab sich der in der Abb. 51 dargestellte

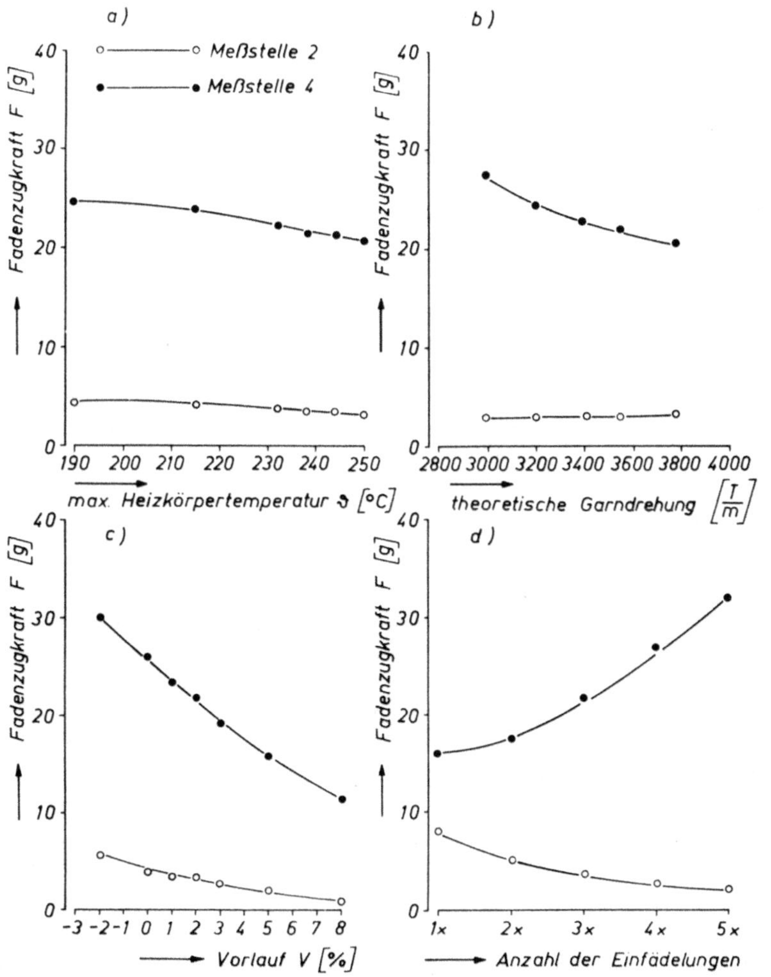

Abb. 50 Fadenzugkraft F in Abhängigkeit von der maximalen Heizkörpertemperatur ϑ, von der theoretischen Garndrehung, von dem Vorlauf V und von der Anzahl der Einfädelungen

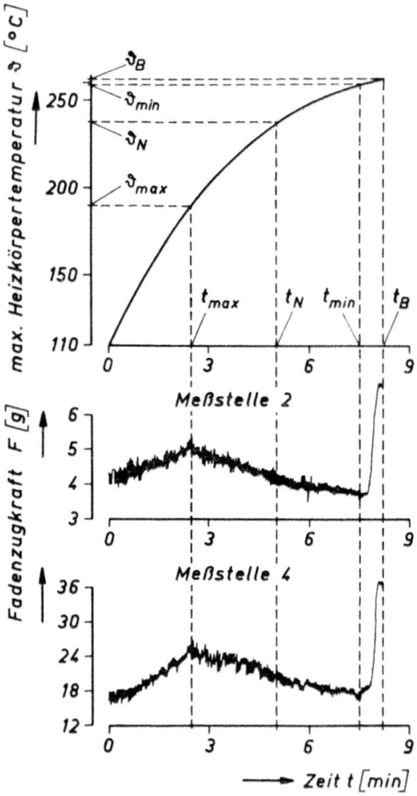

Abb. 51 Zeitabhängige Änderung der maximalen Heizkörpertemperatur ϑ und der Fadenzugkraft F nach einer sprunghaften Erhöhung der Heizleistung

ϑ_{max}	dem Maximum der Fadenzugkraft zugeordnete maximale Heizkörpertemperatur
ϑ_N	Normalwert der maximalen Heizkörpertemperatur
ϑ_{min}	dem Minimum der Fadenkraft zugeordnete maximale Heizkörpertemperatur
ϑ_B	maximale Heizkörpertemperatur bei Fadenbruch
t_{max}, t_N, t_{min}, t_B	die dazugehörigen Zeiten

Anstieg der maximalen Heizkörpertemperatur. Nach etwa 8 min trat der Fadenbruch ein. Unterhalb des Temperaturverlaufes ist der dazugehörige Fadenzugkraftverlauf der Meßstellen 2 und 4 dargestellt. Auf diese Weise lassen sich jeder maximalen Heizkörpertemperatur die beiden entsprechenden Fadenzugkraftwerte zuordnen. An beiden Meßstellen steigt die Fadenzugkraft mit zunehmender maximaler Heizkörpertemperatur zunächst an. Das entspricht dem von Wegener [51] und Egbers [51] festgestellten Verhalten. Bei einer maximalen Heizkörpertemperatur von $\vartheta_{max} \approx 190\,°C$ erreichen beide Fadenzugkräfte ein Maximum. Mit weiter steigender Temperatur tritt eine zunehmende Erweichung des Fadens ein. Die Fadenzugkraft sinkt ab. Bei einer maximalen Heizkörpertemperatur von $\vartheta_{min} \approx 260\,°C$ erreichen die Fadenzugkräfte ein Minimum (die Indizes max und min der maximalen Heizkörpertemperatur ϑ beziehen sich auf den Fadenzugkraftverlauf, nicht auf die Temperatur). Danach steigen sie bis zum Eintritt des Fadenbruches steil an. Die maximale Heizkörpertemperatur ϑ_B, bei der der Fadenbruch eintritt, liegt nur wenig über der Temperatur ϑ_{min}. Im Minimum der Fadenzugkraft scheint eine erneute strukturelle Umwandlung stattzufinden. Der Faden wird spröder.

Eine Zunahme der theoretischen Garndrehung ist, wie es an anderer Stelle bereits besprochen wurde, stets mit einer Abnahme der Fadengeschwindigkeit und infolgedessen auch mit einer größeren Verweilzeit des Fadens im Heizkörper verbunden. Während die mit zunehmender Garndrehung erfolgende größere Einzwirnung im unteren Bereich eine Erhöhung der Fadenzugkraft erwarten läßt, ist auf Grund der längeren Verweilzeit im Heizkörper ein Abfall der Fadenzugkraft zu vermuten. Beide Einflüsse heben sich, wie aus der Abb. 50b zu ersehen ist, nahezu gegenseitig auf; denn die an der Meßstelle 2 gemessene Fadenzugkraft ist unabhängig von der theoretischen Garndrehung annähernd konstant. Im oberen Bereich (Meßstelle 4) sinkt dagegen die Fadenzugkraft mit zunehmender theoretischer Garndrehung ab. Es gibt dafür zwei Ursachen: Einmal wird die Fadenoberfläche mit zunehmender Drehung rauher. Die Reibung am glatten Draht nimmt daraufhin ab (Kap. 3.2.1.7). Zum anderen bewirkt bei glatten Reibkörpern und gedrehten Fäden eine Abnahme der Fadengeschwindigkeit einen Rückgang der Reibungskraft (Kap. 3.2.1.2). Vermutlich verursachen beide Einflüsse den im oberen Bereich eintretenden Fadenzugkraftabfall.
Mit zunehmendem Vorlauf sinkt die Fadenzugkraft beider Meßstellen beträchtlich ab (Abb. 50c). Der Grund liegt darin, daß ein immer größerer Anteil der Wärmeschrumpfung zum Ausgleich des Vorlaufes benötigt wird und die Schrumpfkraft des Fadens daraufhin absinkt. Zwischen dem negativen und dem positiven Vorlauf ist ein kontinuierlicher Übergang der Fadenzugkräfte festzustellen.
Mit zunehmender Anzahl der Einfädelungen steigt der an den Ösen des Drahtes auftretende Umschlingungswinkel um jeweils etwa 180°. Die daraufhin beträchtlich zunehmende Reibung bewirkt im oberen Bereich das Ansteigen der Fadenzugkraft (Abb. 50d) (Meßstelle 4). Der Faden wird daraufhin im oberen Bereich stärker gedehnt. Das obere Lieferwerk liefert bei gleicher Geschwindigkeit eine auf den ungedehnten Zustand bezogen geringere Fadenlänge. Dies kommt aber einer Erhöhung des Vorlaufs im unteren Bereich gleich. Infolgedessen sinkt die an der Meßstelle 2 bestimmte Fadenzugkraft mit zunehmender Anzahl der Einfädelungen ab.
Wie aus den besprochenen Versuchsergebnissen hervorgeht, hat die Reibung einen entscheidenden Einfluß auf den während des Falschdrahtzwirnens herrschenden Fadenzugkraftverlauf. Eine besondere Bedeutung kommt der Reibung im Drallgeber zu, die das Verfahren überhaupt erst ermöglicht und die den Ausfall der Garne erheblich beeinflußt [47–49].

5. Zusammenfassung

Die an garn- und zwirnverarbeitenden Maschinen herrschenden Fadenzugkräfte werden von der Ablauffadenzugkraft sowie von der Reibung der Fäden an den Leit- und an den Bremsorganen bestimmt. Zu hohe Zugkräfte rufen in den Fäden Überdehnungen hervor, die sich als Fehler (zum Beispiel verschiedene Anfärbungen) in den Flächengebilden auswirken können. Besonders empfindlich sind endlose synthetische Fäden gegen Überdehnungen. Diese Fäden verursachen außerdem einen besonders schnellen Verschleiß der Leit- und der Bremsorgane. Aus diesen Gründen ist die zwischen endlosen synthetischen Fäden und verschleißfesten Reibkörpern auftretende

Reibung von besonderem Interesse. In der Praxis haben sich für die Verarbeitung endloser synthetischer Fäden Leit- und Bremsorgane aus Sinterkeramik besonders bewährt. Sie sind in vielfältigen Formen an fast allen für Endlosfäden benutzten Maschinen anzutreffen. Die Reibungsmessungen an Sinterkeramikreibkörpern standen deshalb im Mittelpunkt der durchgeführten Untersuchungen, die weitgehend auf die Gegebenheiten der Praxis abgestimmt waren, so daß die berücksichtigten Einflußgrößen nur in solchen Bereichen variiert wurden, die während der Verarbeitung vorkommen. Im weiteren Verlauf der Arbeit sind die Auswirkungen der Reibung auf den während des Spulens und während des Falschdrahtzwirnens entstehenden Fadenzugkraftverlauf beschrieben.

Die wichtigste Voraussetzung für die exakte Bestimmung des Reibungskoeffizienten ist das richtige Eichen. Im allgemeinen werden für Reibungsmessungen am laufenden Faden zylindrische Reibkörper verwendet. Aus der vor und nach dem Reibkörper herrschenden Fadenzugkraft läßt sich nach der Eytelweinschen Beziehung der Reibungskoeffizient μ errechnen. Es wird nachgewiesen, daß die Reibung an den Stiften der Meßköpfe das Meßergebnis beeinflußt. Da der Reibungskoeffizient μ keine Konstante, sondern eine von vielen Einflußgrößen abhängige Veränderliche ist, muß vor jedem Versuch neu geeicht werden. Das trifft auch für die Fadengeschwindigkeit zu. Über die Probleme, die sich beim Eichen mit hohen Fadengeschwindigkeiten ergeben, wird ausführlich berichtet.

Für die Versuche standen Sinterkeramikreibkörper der Firma Degussa, Frankfurt a. M., mit unbehandelter, geschliffener, polierter und getrommelter Oberfläche zur Verfügung. Die Reibungsmessungen erfolgten an multifilen Fäden aus Polyamid 6, Polyester und Polyacrylnitril unterschiedlicher Titer. Es fanden unpräparierte und präparierte, ungedrehte und gedrehte Fäden Berücksichtigung.

Mit fortschreitender Zeit lagern sich Teile der Fadenpräparation auf der Reibkörperoberfläche ab. Trotzdem ist die Änderung des Reibungskoeffizienten mit zunehmender Einlaufzeit relativ gering. Lediglich bei der Reibung ungedrehter Fäden gegen den polierten Reibkörper ist zu Beginn ein stärkerer Abfall des Reibungskoeffizienten festzustellen, der jedoch nach etwa 3 min nicht mehr besteht. Von einer bestimmten Geschwindigkeit an lagern sich bei dieser Materialpaarung feste Substanzen auf der Reibkörperoberfläche ab. Der Reibungskoeffizient steigt dann sprunghaft. Innerhalb kurzer Zeit kommt es zum Fadenbruch. Vermutlich verdampft infolge der örtlichen Erwärmung des Fadens das Lösungsmittel der Präparation. Die Grenzgeschwindigkeit liegt desto niedriger, je größer der Reibkörperdurchmesser ist.

Beim Spulen synthetischer Endlosfäden sind heute bereits Fadengeschwindigkeiten bis zu 1500 m/min möglich. Die Reibungsmessungen erfolgten deshalb unter anderem auch bei diesen hohen Fadengeschwindigkeiten. Mit zunehmender Fadengeschwindigkeit steigt im allgemeinen der Reibungskoeffizient der Polyamid 6-Fäden an. Dagegen tritt bei den Polyacrylnitril- und Polyester-Fäden mitunter sogar mit steigender Fadengeschwindigkeit ein Abfall des Reibungskoeffizienten ein.

Wird die vor dem Reibkörper angreifende Fadenzugkraft erhöht, so nimmt der Reibungskoeffizient für alle gewählten Materialpaarungen ab. Bei der Kombination »ungedrehter Faden – polierter Reibkörper« ist der Abfall besonders groß. Dieses Verhalten ist für Fadenleitorgane von Vorteil, da unerwünschte Fadenzugkraftspitzen weniger verstärkt werden, als es bei konstantem Reibungskoeffizienten der Fall wäre.

Der Einfluß der Raumtemperatur und der relativen Luftfeuchtigkeit auf den Reibungskoeffizienten hängt weitgehend von der Materialpaarung ab. Eine einheitliche Tendenz ist nicht festzustellen. Stärkere Klimaschwankungen können aber durchaus nennenswerte Fadenzugkraftschwankungen hervorrufen.

Mit zunehmendem Reibkörperdurchmesser nimmt der Reibungskoeffizient aller untersuchten Fäden zu. Besonders groß ist die Zunahme des Reibungskoeffizienten bei der Kombination »ungedrehter Faden – polierter Reibkörper«.
Die Behandlungsart der Reibkörperoberfläche beeinflußt den Reibungskoeffizienten der ungedrehten Fäden in starkem Maße. In Verbindung mit dem getrommelten Reibkörper ergeben sich die geringsten Reibungskoeffizienten. Durch ein Schleifen der Oberfläche wird der Reibungskoeffizient gegenüber dem unbehandelten Reibkörper erhöht. Bei der Verwendung des polierten Reibkörpers ergibt sich infolge der großen Adhäsionskraft ein erheblich größerer Reibungskoeffizient als bei den anderen Reibkörpern. Die Untersuchung gedrehter Fäden ergibt hinsichtlich des Reibungskoeffizienten keinen nennenswerten Unterschied zwischen dem unbehandelten und dem polierten Reibkörper. Polierte Reibkörper sind als Leitorgane für alle ungedrehten Fäden ungeeignet. Da auch bei gedrehten Fäden durch die Verwendung polierter Reibkörper keine allgemeine Verringerung des Reibungskoeffizienten zu erreichen ist und andererseits die Kosten durch zusätzliche Bearbeitung steigen, sollte der Einsatz derartiger Reibkörper nur auf Spezialgebiete beschränkt bleiben.
Sofern die auf den Titer bezogene Fadenzugkraft konstant gehalten wird, ist der Einfluß des Titers auf den Reibungskoeffizienten gering. Durch die Fadenpräparation wird, wie aus einem Vergleich mit unpräparierten Fäden hervorgeht, der Reibungskoeffizient beträchtlich verringert. Bei der Materialpaarung »ungedrehter Faden – polierter Reibkörper« ist der durch die Präparation hervorgerufene Abfall des Reibungskoeffizienten besonders groß. Aus einem Vergleich zwischen verschiedenen Sinterkeramikprodukten geht hervor, daß sich durch die richtige Auswahl des Reibkörpers innerhalb eines großen Bereiches jeder gewünschte Reibungskoeffizient erzielen läßt.
Im weiteren Verlauf der Arbeit wurde die Auswirkung der Reibung auf die während des Spulens und während des Falschdrahtzwirnens herrschenden Fadenzugkräfte untersucht. Als günstigster Abstand der Hülsenspitze vom Fadenführer erweist sich beim Spulen mit hohen Fadengeschwindigkeiten eine Länge von 50 mm bis 100 mm. Abweichungen des Aufsteckdornes nach oben oder nach unten können zu erheblichen Störungen des Fadenzugkraftverlaufes führen. Mit zunehmendem Umschlingungswinkel an den Vorlieferwalzen nehmen sowohl der Mittelwert als auch die Schwankungen der Fadenzugkraft ab. Die Relativgeschwindigkeit zwischen dem Faden und den Vorlieferwalzen ist ohne nennenswerten Einfluß auf die Wirkung des Vorlieferwerkes. Das gleiche gilt für die relative Luftfeuchtigkeit. Da sich die Fadenzugkraft mit Hilfe des Vorlieferwerkes nur unzureichend regeln läßt, wird stets eine Fadenbremse nachgeschaltet. Bei dieser Kombination entstehen relativ hohe kurzzeitige Fadenzugkraftschwankungen. Mittels einer Filzdämpfvorrichtung lassen sich die kurzzeitigen Fadenzugkraftschwankungen beträchtlich verringern. Die Spur des Fadens setzt sich jedoch nach relativ kurzer Zeit mit Präparation zu, so daß der Faden durch eine in zunehmendem Maße verschmutzende Schicht hindurchläuft. Eine von den Verfassern neu entwickelte Gitterbremse aus biegsamen Gitterstäbchen hat die gleiche Wirkung wie eine Filzdämpfung. Sie besitzt jedoch nicht deren Nachteile.
Um den Einfluß der Reibung auf die während des Falschdrahtzwirnens herrschenden Fadenzugkräfte zu ermitteln, erfolgten Fadenzugkraftmessungen in Abhängigkeit vom Ort innerhalb des Fadenlaufes. Vor dem Einlauf in das untere Lieferwerk wird die Fadenzugkraft von der Fadenbremse bestimmt. Im unteren Arbeitsbereich (zwischen dem unteren Lieferwerk und dem Drallgeber) sind die Wärmeschrumpfung und die Einzwirnung die maßgebenden Einflußgrößen. Dagegen hängt die im oberen Arbeitsbereich (zwischen dem Drallgeber und dem oberen Lieferwerk) herrschende Fadenzugkraft in erster Linie von der Reibung im Drallgeber ab.

Wird der Drallgeber stillgesetzt, so sinkt als Folge der fehlenden Einzwirnung die Fadenzugkraft im unteren Bereich ab. Da die Reibung des ungedrehten Fadens gegen den glatten Draht des Drallgebers (Zwirndraht) größer ist als die Reibung des gedrehten Fadens, steigt die Fadenzugkraft beim Stillsetzen des Drallgebers im oberen Bereich an. Der Fadenzugkraftverlauf wird maßgeblich von der Maschineneinstellung beeinflußt. Mit zunehmender maximaler Heizkörpertemperatur sinkt die Fadenzugkraft sowohl im oberen als auch im unteren Bereich ab. Der Grund dafür ist die zunehmende Erweichung des Fadens. Die theoretische Garndrehung ist im unteren Bereich ohne Einfluß auf die Fadenzugkraft. Demnach wird die mit zunehmender Drehung wachsende Einzwirnung durch die stärkere Erweichung des Fadens infolge der längeren Verweilzeit gerade ausgeglichen. Im oberen Bereich verursacht eine Erhöhung der theoretischen Garndrehung einen Abfall der Fadenzugkraft. Demnach nimmt der Reibungskoeffizient mit zunehmender Drehung ab. Bei einer Erhöhung des Vorlaufes sinkt die Schrumpfkraft. Die daraufhin im unteren Bereich eintretende Abnahme der Fadenzugkraft überträgt sich auch auf den oberen Bereich. Eine zunehmende Anzahl der Einfädelungen hat eine Vergrößerung des Umschlingungswinkels an den Ösen des Zwirndrahtes zur Folge. Infolgedessen nimmt im oberen Bereich die Fadenzugkraft sehr stark zu. Dagegen sinkt im unteren Bereich die Fadenzugkraft mit zunehmender Anzahl der Einfädelungen ab. Die größere Dehnung des Fadens im oberen Bereich kommt einer Erhöhung des Vorlaufes im unteren Bereich gleich.

6. Literaturverzeichnis

[1] Anonym, Dokumentation, Verschleiß, Reibung und Schmierung. Bundesanstalt für Materialprüfung, Berlin, Nr. 1–4, 1967.

[2] de Riz, O., Fadenspannung, ihre Messung und Anwendung in der Verarbeitungstechnik. Melliand Textilberichte 37 (1956), 1371.

[3] Lünenschloss, J., Die Verstreckung von textilen Fäden natürlichen oder synthetischen Ursprunges unter chemischer oder thermischer Einwirkung. Dissertation 1960, Technische Hochschule Stuttgart.

[4] Stein, H., Veränderungen der Dehnungseigenschaften durch auftretende Fadenspannungen. Textil-Praxis 9 (1954), 131.

[5] Schneider, J., Studien und Untersuchungen über den Einsatz synthetischer Garne im Webereibetrieb. Reyon, Zellwolle u. a. Chemiefasern 9 (1959), 522, 603, 667, 792.

[6] Gründig, K., Über die anzuwendenden Fadenspannungen bei der Verarbeitung von Chemieseiden. Deutsche Textiltechnik 8 (1958), 539; 10 (1960), 22, 565.

[7] Ford, J. E., A microscopical study of strain-induced effects in man-made fibres. J. Text. Inst. 54 (1963), T 484.

[8] Wegener, W., und G. Schubert, Eigenschaften endloser synthetischer Fäden in Abhängigkeit vom Streckcopaufbau. Chemiefasern 15 (1965), 433, 509, 581.

[9] Cremer, J., Klassische Fehler in Webwaren. Zeitschrift f. d. ges. Textilind. 68 (1966), 12, 920.

[10] Langer, H., und J. Tippmann, Schußbanden in Dederon–Polycon-Geweben. Deutsche Textiltechnik 15 (1965), 236.

[11] Hoffmann, L., Tonunterschiede bei Polyamidfärbungen. Spinner Weber Textilveredlung 84 (1966), 45.

[12] Makarow, J. M., Ursachen der Streifigkeit von Kapron-Geweben. Textilnaja Prom. 26 (1966), 65, Sowj. Beiträge zur Faserforschung u. Textiltechnik 3 (1966), 274.

[13] Makarow, J. M., Änderung einiger Eigenschaften von Kapron-Fäden in der Webereivorbereitung. Sammelband »Spinnen«. Zentralinstitut für wissensch. techn. Information der Leichtindustrie (1965), Nr. 5.

[14] Wegener, W., und B. Schuler, Beitrag zur Grundlagenermittlung des Reibungskoeffizienten von Fäden. Zeitschrift f. d. ges. Textilind. 66 (1964), 250, 362, 458.

[15] Güttler, H., und R. Benz, Das F-Meter, ein Gerät zur Reibungsmessung an Garnen. Melliand Textilberichte 42 (1961), 374.

[16] Wegener, W., und B. Schuler, Grundlagen für die Reibungsmessungen an Garnen und Zwirnen. Forschungsberichte des Landes Nordrhein-Westfalen, Nr. 1536, Westdeutscher Verlag, Köln und Opladen 1965.

[17] Klingler, E. A., Sinterkeramik als Fadenführungsorgane für die Herstellung und Verarbeitung synthetischer Fäden. Zeitschrift f. d. ges. Textilind. 63 (1961), 299.

[18] Hansen, W. W., und D. Tabor, Hydrodynamic factors in the friction of fibres and yarns. Text. Res. J. 27 (1957), 300.

[19] Maag, F., Betrachtungen zum Reibungsverhalten von Faserstoffen. Melliand Textilberichte 42 (1961), 8.

[20] Fieles-Kahl, N., und J. G. Helli, Zusammenhang zwischen Luftfeuchte, Temperatur und den Reibungskoeffizienten von Garnen. Textil-Praxis 21 (1966), 332, 402.

[21] Röder, H. L., Measurements of the influence of finishing agents on the friction of fibres. J. Text. Inst. 44 (1953), T 247.

[22] Esters, R., Untersuchung der Reibungsverhältnisse von synthetischen Fäden an verschiedenen Reibkörpern. Dissertation, Technische Hochschule Stuttgart (1960).

[23] Baird, M. E., und K. W. Mieszkis, Frictional properties of nylon yarn and their relation of the function of textile guides. J. Text. Inst. 46 (1955), P 112.

[24] Honegger, E., Einfluß der Geschwindigkeit auf die Reibung zwischen Fäden und festen Körpern. Textil-Rundschau 12 (1957), 551.

[25] Lincoln, B., Frictional and elastic properties of high polymeric materials. Brit. J. of appl. Physics 3 (1952), 260.

[26] Howell, H. G., und J. Mazur, Amonton's law on fibre friction. J. Text. Inst. 44 (1953), T 59.

[27] Howell, H. G., K. W. Mieszkis und D. Tabor, Friction in textiles. Butterworths Scient. Public. (1959).

[28] Guthrie, J. C., und P. H. Oliver, Interfibre friction of viscose rayon. J. Text. Inst. 43 (1952), T 579.

[29] Howell, H. G., The general case of friction of a string round a cylinder. J. Text. Inst. 44 (1953), T 359.

[30] Lord, E., Frictional forces between fringes of fibres. J. Text. Inst. 46 (1955), P 41.

[31] Pascoe, M. W., und D. Tabor, Friction of Nylon as a function of lead and surface curvature. A supplement issued with Research 8 (1955), 15.

[32] Hütte, des Ingenieurs Taschenbuch. Band 1: Theoretische Grundlagen. Verlag Wilhelm Ernst & Sohn, Berlin.

[33] Lyne, D. G., The dynamic friction between cellulose acetate yarn and a cylindrical metal surface. J. Text. Inst. 46 (1955), P 112.

[34] Viviani, E., und L. Graciano, Über die Reibung und Spannung von Reyongarnen. Reyon Zellwolle u. a. Chemiefasern 29 (1951), 15.

[35] Rubenstein, C., The friction of a yarn lapping a cylinder. J. Text. Inst. 49 (1958), T 181.

[36] Wegener, W., und H. Peuker, Elektronisches Messen und Registrieren der Bewegungsabläufe sowie der Fadenspannung beim Streichgarn–Selfaktor-Spinnen. Textil-Praxis 17 (1962), 451, 554.

[37] Wegener, W., und G. Schubert, Das Kreuzspulen synthetischer Garne mit hohen Garn-Abzugsgeschwindigkeiten, I. Melliand Textilberichte 44 (1963), 798, 926.

[38] Wegener, W., und G. Schubert, Das Kreuzspulen synthetischer Garne mit hohen Garnabzugsgeschwindigkeiten, II. Melliand Textilberichte 46 (1965), 18, 123, 250.

[39] Walz, F., und J. Gayler, Ablaufverhältnisse an Kreuzspulmaschinen mit hoher Fadengeschwindigkeit. Textil-Praxis 12 (1957), 965, 1202; 13 (1958), 36.

[40] Worm, R., Ist unsere Spulerei modern? Melliand Textilberichte 39 (1958), 874.
[41] Aleksandrov, S. A., Einige Fragen zur Bildung des Fadenballons. Sowj. Beiträge zur Faserforschung u. Textiltechn. 3 (1966), 260.
[42] Gründig, K., Über die anzuwendenden Fadenspannungen bei der Verarbeitung von Chemieseiden. Deutsche Textiltechnik 8 (1958), 539; 10 (1960), 22, 565.
[43] Hájek, J., Ursachen der Entstehung von welligen Polyamidgeweben und von Glanzstellen in Viskosekunstseidengeweben. Deutsche Textiltechnik 7 (1957), 296.
[44] Scholze, G., Hinweise für die Verarbeitung von Chemiefasern in den Betriebsabteilungen Schußspulerei, Schärerei-Zettelei, Schlichterei und Weberei. Textil-Praxis 21 (1966), 873; 22 (1967), 19, 98, 167.
[45] Fourné, F., Synthetische Fasern. Wissenschaftl. Verlagsgesellsch. mbH, Stuttgart (1964).
[46] Wegener, W., und G. Schubert, Eine neu entwickelte Bremse zur weitgehenden Verringerung der kurzzeitigen Fadenzugkraft-Schwankungen. Melliand Textilberichte 48 (1967), 1272.
[47] Wegener, W., und G. Schubert, Der Einfluß verschiedener Einstellungen der Falschdrahtzwirnmaschine auf die Eigenschaften der Kräuselgarne. Chemiefasern 11 (1961), 387, 463, 531, 594.
[48] Wegener, W., und H. C. Jammers, Einstellung der Falschdrahtzwirnmaschine und Eigenschaften der Kräuselgarne. Chemiefasern 13 (1963), 676, 863.
[49] Wegener, W., und H. C. Jammers, Die Wirkungsweise der Falschdrahtzwirnspindel bei verschiedenen Einstellungen der Falschdrahtzwirnmaschine. Melliand Textilberichte 47 (1966), 1343.
[50] Wegener, W., und G. Brehm, Untersuchung der Temperaturverhältnisse von Kontakt- und Strahlungsheizkörpern der Falschdrahtzwirnmaschinen. Textil-Praxis 15 (1960), 801, 891.
[51] Wegener, W., und G. Egbers, Zusammenhang zwischen den dynamometrischen Eigenschaften und der Struktur eines vorbehandelten Polyamid 6-Monofils. Chemiefasern 16 (1966), 396, 488, 561, 632, 720, 814.
[52] Wegener, W., und G. Schubert, Bessere Spulbedingungen für Präzisionskreuzspulmaschinen. Spinner Weber Textilveredlung 86 (1968), 112.
[53] Wegener, W., und G. Schubert, Zur Systematik der Reibungsmessungen. Zeitschrift f. d. ges. Textilindustrie 66 (1964), 636.

Forschungsberichte des Landes Nordrhein-Westfalen

Herausgegeben im Auftrage des Ministerpräsidenten Heinz Kühn
von Staatssekretär Professor Dr. h. c. Dr. E. h. Leo Brandt

Sachgruppenverzeichnis

Acetylen · Schweißtechnik

Acetylene · Welding gracitice
Acétylène · Technique du soudage
Acetileno · Técnica de la soldadura
Ацетилен и техника сварки

Arbeitswissenschaft

Labor science
Science du travail
Trabajo científico
Вопросы трудового процесса

Bau · Steine · Erden

Constructure · Construction material · Soil research
Construction · Matériaux de construction · Recherche souterraine
La construcción · Materiales de construcción · Reconocimiento del suelo
Строительство и строительные материалы

Bergbau

Mining
Exploitation des mines
Minería
Горное дело

Biologie

Biology
Biologie
Biologia
Биология

Chemie

Chemistry
Chimie
Quimica
Химия

Druck · Farbe · Papier · Photographie

Printing · Color · Paper · Photography
Imprimerie · Couleur · Papier · Photographie
Artes gráficas · Color · Papel · Fotografía
Типография · Краски · Бумага · Фотография

Eisenverarbeitende Industrie

Metal working industry
Industrie du fer
Industria del hierro
Металлообработывающая промышленность

Elektrotechnik · Optik

Electrotechnology · Optics
Electrotechnique · Optique
Electrotécnica · Optica
Электротехника и оптика

Energiewirtschaft

Power economy
Energie
Energía
Энергетическое хозяиство

Fahrzeugbau · Gasmotoren

Vehicle construction · Engines
Construction de véhicules · Moteurs
Construcción de vehículos · Motores
Производство транспортных · Средств

Fertigung

Fabrication
Fabrication
Fabricación
Производство

Funktechnik · Astronomie

Radio engineering · Astronomy
Radiotechnique · Astronomie
Radiotécnica · Astronomía
Радиотехника и астрономия

GPSR Compliance

The European Union's (EU) General Product Safety Regulation (GPSR) is a set of rules that requires consumer products to be safe and our obligations to ensure this.

If you have any concerns about our products, you can contact us on ProductSafety@springernature.com

In case Publisher is established outside the EU, the EU authorized representative is:

Springer Nature Customer Service Center GmbH
Europaplatz 3
69115 Heidelberg, Germany

Batch number: 10584556

Printed by Printforce, the Netherlands